Suvarna Shenvi
G. Chandrasekara Reddy

Ácidos Terpénicos Modificados de Boswellia serrata : Atividade Biológica

Suvarna Shenvi
G. Chandrasekara Reddy

Ácidos Terpénicos Modificados de Boswellia serrata : Atividade Biológica

Atividade anti-inflamatória, anti-artrítica e anti-cancerígena

ScienciaScripts

Imprint
Any brand names and product names mentioned in this book are subject to trademark, brand or patent protection and are trademarks or registered trademarks of their respective holders. The use of brand names, product names, common names, trade names, product descriptions etc. even without a particular marking in this work is in no way to be construed to mean that such names may be regarded as unrestricted in respect of trademark and brand protection legislation and could thus be used by anyone.

Cover image: www.ingimage.com

This book is a translation from the original published under ISBN 978-620-2-05928-2.

Publisher:
Sciencia Scripts
is a trademark of
Dodo Books Indian Ocean Ltd. and OmniScriptum S.R.L publishing group

120 High Road, East Finchley, London, N2 9ED, United Kingdom
Str. Armeneasca 28/1, office 1, Chisinau MD-2012, Republic of Moldova, Europe
Printed at: see last page
ISBN: 978-620-7-89062-0

Conteúdo

CAPÍTULO 1
1. INTRODUÇÃO

TRITERPENÓIDES

As plantas medicinais têm sido uma excelente fonte de agentes farmacêuticos e desempenham um papel fundamental no domínio dos cuidados de saúde. O material das plantas medicinais é utilizado por um grande número de empresas fitofarmacêuticas.[1] As resinas naturais são substâncias orgânicas não cristalinas ou viscosas, líquidas e inflamáveis, transparentes ou translúcidas, de cor amarelada a castanha. São formadas em secreções vegetais e são solúveis em vários líquidos orgânicos, mas insolúveis em água.[2] Têm sido utilizadas como adesivos, como ingredientes em cosméticos, em rituais diários, como materiais de revestimento, em muitos remédios caseiros e para vários efeitos medicinais. As civilizações antigas utilizavam as resinas principalmente para embalsamar e para o seu incenso em cerimónias culturais.

BOSWELLIA SERRATA

A Boswellia serrata pertence à família das *Burseraceae,* apresentada no reino vegetal com 17 géneros e 600 espécies (fig. 1). O género *Boswellia* tem cerca de 25 espécies de pequenas árvores e arbustos. Estas plantas crescem em todas as regiões tropicais. Os dois géneros mais importantes desta família, *Commiphora* e *Boswellia*, produzem resinas que têm um valor comercial considerável.

Os exsudados da goma de *Boswellia serrata* (incenso) ou a resina obtida da casca da árvore tradicionalmente utilizada em muitos medicamentos ayurvédicos e unani.[3, 4] A utilização da resina de *Boswellia serrata* é descrita em livros de texto ayurvédicos (Charaka Samhita, c. B.C 700, Susruta Samhita c. B.C. 600), 1st e 2nd século AD e Astanga Samgraha, Astanga Hridaya (c. 130-200 A.D Samhita, 7th século AD).[5]

Os principais componentes químicos da goma-resina podem ser divididos em três grupos: óleos voláteis ou terpenóides inferiores, terpenóides superiores e hidratos de carbono. A goma-resina de *B. serrata* é uma mistura complexa de terpenóides e açúcares que inclui mais de 200 substâncias diferentes.[6, 7] *A resina de goma de B. serrata* contém óleos essenciais (8-12%), monoterpenos (9,9%), diterpenos (7,1%), álcoois (15,4%), polissacáridos (45-60%) e terpenóides superiores (25-35%) e compostos inorgânicos.[8] A percentagem e o conteúdo dos compostos voláteis variam consoante a idade e a qualidade da goma. [9-11]

Goma-resina bruta de *B.Serrata*

Figura 1: Árvore de Boswellia *serrata* e resina de goma de *Boswellia*

Isolamento, separação dos ácidos boswelicos e dos ácidos tirucálicos

O farmacologista *Alexander Tschirch* (1856-1939) realizou o primeiro estudo pormenorizado sobre as resinas naturais.[12] Os seus estudos envolveram o isolamento, a identificação das características físicas e químicas das resinas, a sua classificação em diferentes tipos e a sua composição química. A goma-resina de *Boswellia serrata* é separada em duas fracções: i) uma fração ácida e ii) uma fração neutra. A fração ácida é composta principalmente por ácidos boswelicos e ácidos tirucálicos.[13] A composição destes ácidos varia de espécie para espécie e de acordo com factores geográficos.

O primeiro isolamento de BA da fração ácida do olíbano, com uma fórmula molecular de $C_{32}H_{52}O_4$, foi efectuado por Tschirch e Halbey em 1898. A estrutura exacta não pôde ser estabelecida nessa altura; uma investigação pormenorizada da resina de olíbano foi realizada por Winterstein e Stein em 1932 e tentou a elucidação estrutural.[14] Mais tarde, na década de 1960, vários ácidos boswelicos como os ácidos β e α-boswelicos (**1** e **2**), o ácido 11α-hidroxi-β-boswelico (**3**) e o ácido 3-O-acetil-11-hidroxi-β-boswelico (**4**) foram identificados por vários métodos de derivatização. Em 1967, Snatzke e Vertesy relataram as estruturas do ácido acetil-11- ceto-β-boswellico (**5**).[15] Os terpenóides superiores constituem um dos principais componentes da goma-resina, compreendendo principalmente o ácido β-boswellico (BA, **1**) como o principal ácido triterpénico, juntamente com o ácido 11-ceto-β-boswellico (KBA, **6**) e os acetatos correspondentes ABA (**7**) e AKBA (**5**). O BA (α+β) apresenta-se sob a forma de uma mistura isomérica; do mesmo modo, o ABA é também uma mistura de isómeros (α+β) (**8** e **7**); além disso, ambos os isómeros podem ser facilmente resolvidos por HPLC.[16, 17] (O BA é geralmente acompanhado de um derivado diénico, nomeadamente o ácido 3-O-acetil-9,11- dehidro-β-boswellico (**9**), que se crê ter origem no ácido 3-O-acetil- 11-hidroxi-β-boswellico (**3**) por desidratação.[18] O derivado diénico foi isolado por cristalização repetida do éster metílico do BA.[19] As estruturas de todos os principais triterpenos pentacíclicos, que incluem os BAs e o derivado diénico, foram estabelecidas por espetroscopia de RMN. [20, 21] Allen, forneceu provas químicas para a atribuição da configuração das estruturas do BA e do ABA.[22, 23, 24] Derivados do ácido boswélico, tais como o ácido 3-O-acetil-11-metoxi-β-boswélico (**9**), o ácido 11-hidroxi-α-boswélico (**10**) e o ácido 11α-etoxi-β-boswélico (EBA, **11**) isolados do incenso de Omã *Boswellia sacra* Flueck.[25] O éster metílico do BA foi também confirmado por estudos cristalográficos de raios X.[25]

Em 1978, vários ácidos terpenóicos tetracíclicos foram identificados por Pardhy e Bhattacharya, os ácidos triterpénicos tetracíclicos (ácidos tirucálicos), i.e ácido 3-ceto-tirutal-8,24-dien-21-óico (**12**), ácido 3β-hidroxi-tirutal-8,24-dien-21-óico (**13**), **ácido** 3α-hidroxi-tirutal-8,24-dien-21-óico (**14**) e ácido 3α-acetoxi-tirutal- 8,24-dien-21-óico (**15**) de *B. serrata* Roxb.[26, 27]

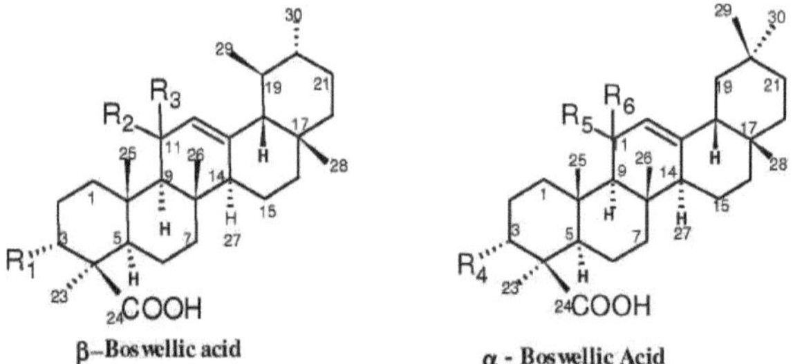

Quadro 1: Ácidos boswelicos isolados de espécies de *Boswellia*

Comp	Boswellic acids isolated and identified in *Boswellia* spices				M.Formula
1	R_1=OH	R_2=H	R_3=H	β-Boswellic acid (β-BA)	$C_{30}H_{48}O_3$
2	R_4=OH	R_5=H	R_6=H	α-Boswellic acid	$C_{30}H_{48}O_3$
3	R_1=OH	R_2=OH	R_3=H	11-Hydroxy-β-boswellic acid	$C_{30}H_{48}O_4$
4	R_1=OAc	R_2=OH	R_3=H	3-O-Acetyl-11-hydroxy-β-boswellic acid	$C_{32}H_{50}O_5$
5	R_1=OAc	R_2=R_3=O	---	3-O-acetyl-11-keto-β-boswellic acid (AKBA)	$C_{32}H_{48}O_5$
6	R_1=OH	R_2=R_3=O	---	11-Keto-β-boswellic acid (KBA)	$C_{30}H_{46}O_4$
7	R_1=OAc	R_2=H	R_3=H	3-O-acetyl-β-boswellic acid (ABA)	$C_{32}H_{50}O_4$
8	R_4=OAc	R_5=H	R_6=H	3-O-Acetyl-α-boswellic acid	$C_{32}H_{50}O_4$
9	R_1=OAc	R_2=OCH$_3$	R_3=H	3-O-Acetyl-11-methoxy-β-boswellic acid	$C_{33}H_{52}O_5$
10	R_4=OH	R_5=OH	R_6=H	11-Hydroxy-α-boswellic acid	$C_{30}H_{48}O_4$
11	R_1=OH	R_2=OC$_2$H$_5$	R_3=H	11-Ethoxy-β-boswellic Acid (EBA)	$C_{34}H_{54}O_5$

Figura 2: Os compostos da *Boswellia serrata.*

IMPORTÂNCIA BIOLÓGICA DA *BOSWELLIA*

A resina de goma de *Boswellia* é amplamente estudada devido a um grande número de propriedades medicinais, principalmente doenças inflamatórias,[28-35] anti-artríticas,[36, 37] anti-cancerígenas,[38 39] para além da asma, [40] hepatite,[41] anti-arterosclerótica,[42, 43] anti-diarreia,[44] hepatoprotectora,[45] anti-microbiana,[46] analgésica,[47] anti-úlcera,[48] colite ulcerosa,[49] colite crónica,[50] doenças de pele[51] etc.

Anti-inflamatório: A goma-resina de *B. serrata* contém ácidos boswelicos, que inibem a biossíntese de leucotrienos.[52] Trabalho exaustivo realizado sobre a formulação de poli-ervas e fito nutrientes da BSE, dor crónica resultante de inflamação para anti-inflamatório.[53-55] *A B. serrata* é uma alternativa natural potente e segura aos AINE convencionais (anti-inflamatórios não esteróides) utilizados na medicina tradicional e ayurvédica devido ao seu perfil fotoquímico bem explicado.[56] Estudos *in vitro* e modelos animais mostram que os ácidos boswelicos inibem a síntese da enzima pró-inflamatória, a 5-lipoxigenase (5-LOX), incluindo o ácido 5-hidroxi eicosatetraenóico (5-HETE) e o leucotrieno B4 (LTB-4), que causam quimiotaxia, broncoconstrição e aumento da permeabilidade vascular.[57,58] A BSE apresentou uma atividade anti-inflamatória marcada e foi igualmente eficaz em ratos adrenolactomizados.[59,60] Uma vez que a 5-lipoxigenase é uma enzima chave na síntese de leucotrienos e os leucotrienos são agentes activos no processo inflamatório, a Boswellia serve como um agente anti-inflamatório não esteroide.[61,62]

Anti-artrítico: O BA administrado por via oral reduz a população de leucócitos, inibe a migração de leucócitos polimorfonucleares in vitro e a proteína do líquido sinovial na artrite induzida por albumina de soro bovino (BSA).[63, 64] É frequentemente adicionado a várias composições à base de plantas para o tratamento da osteoartrite.[65-67] O extrato alcoólico utilizado para a artrite adjuvante.[68,69] Os ácidos boswelicos mostraram um efeito sinergético com a glucosamina como agente anti-inflamatório e anti-artrítico, tendo sido demonstrado que reduzem significativamente a degradação dos glicosaminoglicanos.[70,71] Os ensaios clínicos da goma-resina de *Boswellia* isolada demonstraram melhorar os sintomas em doentes com osteoartrite[72] e artrite reumatoide[73- 75] O efeito da BSE com a glucosamina para actividades inflamatórias provou que, em combinação, melhorou um efeito anti-inflamatório agudo e um efeito antiartrítico sinérgico altamente significativo no modelo crónico em ratos.[76]

Anti-cancro: Os BAs têm atraído uma atenção considerável como agentes anticancerígenos, especialmente a partir do momento em que os inibidores da 5-LOX foram também reconhecidos como agentes quimiopreventivos do cancro.[77] As actividades anti-cancerígenas dos BAs foram, pela ordem, AKBA como o mais ativo, depois KBA, ABA e BA, o menos ativo.[78] Também inibem as enzimas topoisomerase C-3 convertase e a elastase de leucócitos humanos.[79, 80] Os exsudados de resina de goma mostraram uma inibição marcada do aumento induzido na proliferação epidérmica, promoção de tumores em ratos.[81] Assim, foi relatado que os ácidos Boswellic inibem o crescimento de tumores cerebrais e induzem a apoptose em células leucémicas.[82] Tanto o KBA como o AKBA também demonstraram efeitos apoptóticos e anti-proliferativos em cancros malignos, cancro do fígado e cancro do cólon [83-86] e células de cancro da próstata. ‑

Ácidos boswelicos: Modo de ação como inibidores da 5-lipoxigenase

Exercem atividade anti-inflamatória através da inibição da 5-LOX, uma enzima chave para a biossíntese de leucotrienos a partir do ácido araquidónico. Os leucotrienos são considerados envolvidos na iniciação e propagação de uma variedade de doenças inflamatórias. Para além da sua inibição da 5-lipoxigenase, os ácidos boswelicos inibem a HLE, uma enzima de uma via pró-inflamatória diferente (fig. 3).[87] Os ácidos boswelicos são inibidores selectivos da 5-LOX, do tipo não redox. Os medicamentos que têm como alvo as lipoxigenases e os leucotrienos tornaram-se recentemente as terapias emergentes para as doenças inflamatórias e o cancro. A transdução pelos neutrófilos de sinais externos, como a toxina N-formail-metionil-leucilfenilalanina (fMLP), utiliza uma variedade de segundos mensageiros. Os factores centrais são a p38 MAPK (fig. 4), uma proteína de ligação 21kDA-GTP (RAS) e a fosfatidil-inosit ol-3-quinase (PI3-K) que, por sua vez, causa a translocação da 5-LOX citosólica e da fosfolipase A2 (cPLA2) para o núcleo através da proteína quinase activada por mitogénio (MEK-1/2) e [Ca^{2+}]i. Aqui ligam-se à proteína activadora da 5-LOX (FLAP) e o Ca^{2+} ativa a síntese de leucotrienos a partir do ácido araquidónico.[53]

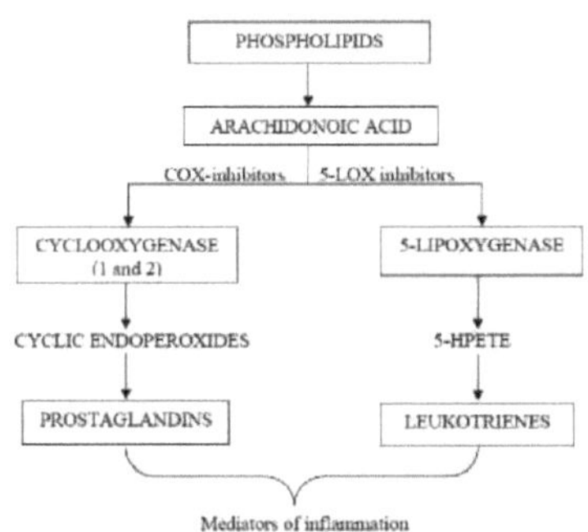

Figura 3: Vias de informação

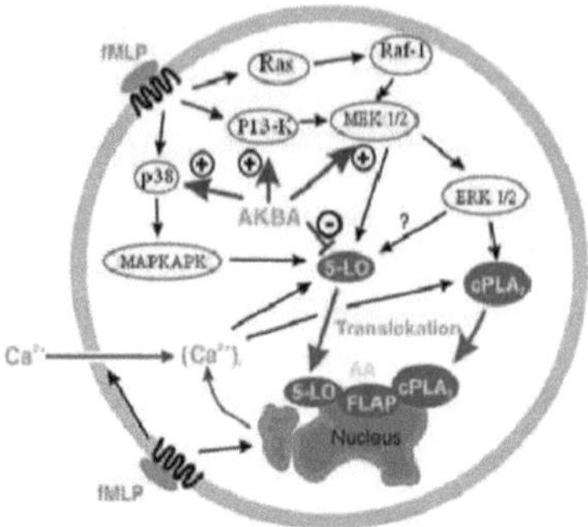

Figura 4: Mecanismo de ação dos BAs

MODIFICAÇÃO SINTÉTICA DOS ÁCIDOS BOSWELICOS

A revisão da literatura indicou várias modificações semi-sintéticas dos ácidos boswelicos.

1) <u>Introdução do grupo 11-ceto:</u>

A conversão de ácidos boswelicos em derivados 11-ceto foi relatada como em Esquema 1 e Esquema 2.[26, 88-91]

Esquema 1

Esquema 2

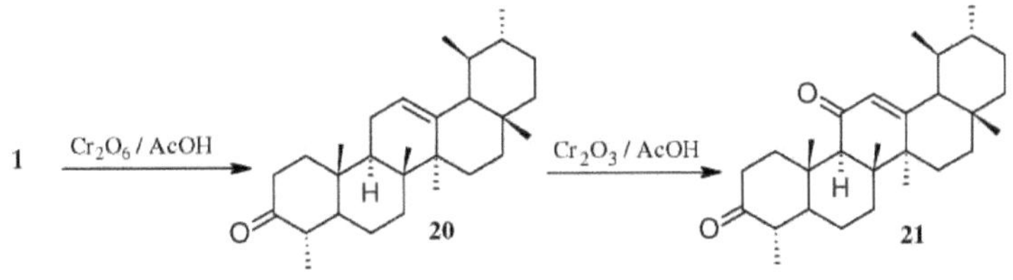
1
Cr2O6 / AcOH
H
O
20
Cr2O3 / AcOH
21

2) <u>Análogos heterocíclicos:</u>

a) Os análogos heterocíclicos foram obtidos a partir dos ácidos boswelicos tratando os 3-cetoésteres (**22** e **23**) com formiato de etilo em benzeno seco na presença de NaH para obter os análogos 2-hidroxi-metilénicos (**24** e **25**), que foram transformados nos pirazóis correspondentes (**26** e **27**) utilizando hidrato de hidrazina em etanol (esquema 3).[92]

Esquema 3

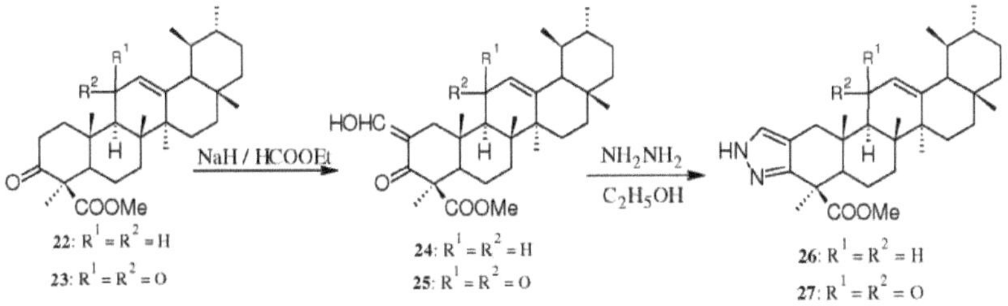
R1
R2
H
O
COOMe
22: R1 = R2 = H
23: R1 = R2 = O
NaH / HCOOEt
HOHC
24: R1 = R2 = H
25: R1 = R2 = O
NH2NH2
C2H5OH
HN
N
26: R1 = R2 = H
27: R1 = R2 = O

b) Foram descritos análogos 4-amino através de intermediários isocianatos (**28** e **29)** para estudar o seu comportamento citotóxico contra várias linhas celulares de cancro humano (Esquema 4).[93]

Esquema 4

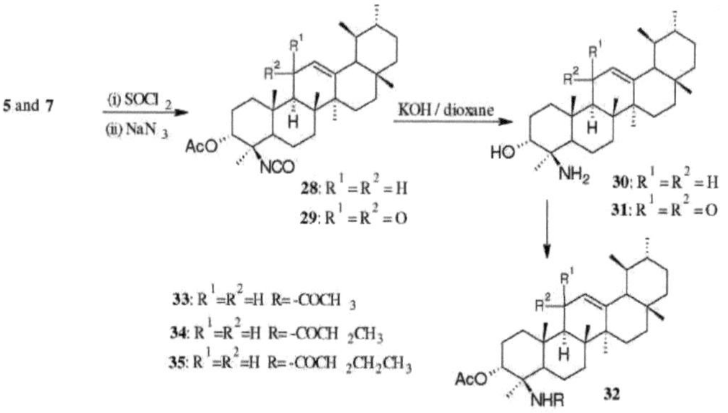

5 and 7
(i) SOCl2
(ii) NaN3
AcO
NCO
28: R1 = R2 = H
29: R1 = R2 = O
KOH / dioxane
HO
NH2
30: R1 = R2 = H
31: R1 = R2 = O
33: R1=R2=H R=-COCH3
34: R1=R2=H R=-COCH2CH3
35: R1=R2=H R=-COCH2CH2CH3
NHR
32

c) A síntese do derivado de ciano-enona do ácido boswélico foi efectuada de acordo com o esquema 5. Os ácidos livres foram esterificados com diazometano, seguido de oxidação do grupo hidroxilo C-3 no grupo ceto. O composto formilado deu origem ao isoxazol, tendo-se procedido a nova bromação e desidrobromação para obter cianoenonas de ácidos boswelicos.[94]

Esquema 5

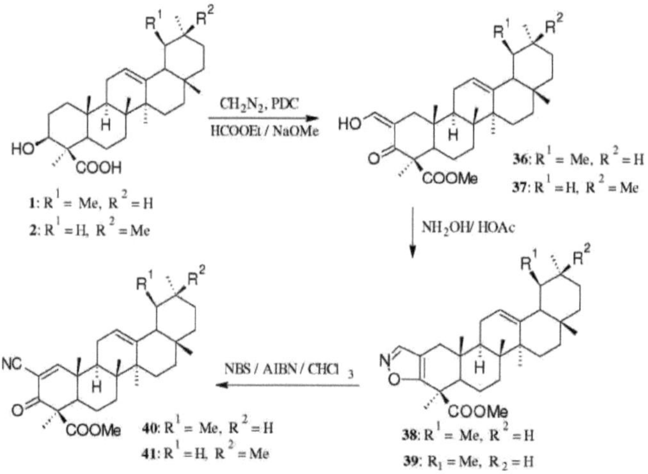

HO
COOH
1: R1 = Me, R2 = H
2: R1 = H, R2 = Me
CH2N2, PDC
HCOOEt / NaOMe
COOMe
36: R1 = Me, R2 = H
37: R1 = H, R2 = Me
NH2OH/ HOAc
38: R1 = Me, R2 = H
39: R1 = Me, R2 = H
NBS / AIBN / CHCl3
NC
40: R1 = Me, R2 = H
41: R1 = H, R2 = Me

3. derivados de 3-acilo de cadeia longa variada: Foram preparados análogos de 3-acilo (formilo, propilo, butilo, etc.) para estudar o efeito da acilação no que diz respeito às actividades anticancerígenas e anti-inflamatórias (Esquema 6). [95, 96]

Esquema 6

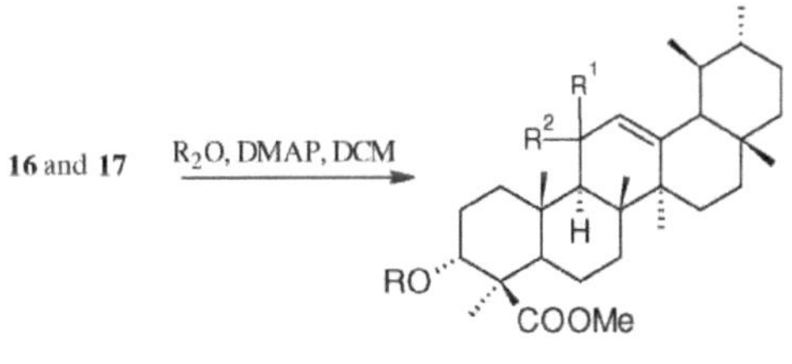

16 and 17 → (R_2O, DMAP, DCM)

Where, R is

42: R= -COC_2H_5, R_1=R_2=H
43: R= -COC_3H_7, R_1=R_2=H
44: R= -$COCH_2CH_2COOH$, R_1=R_2=H
45: R= -$COCH_3$, R_1 = R_2=O
46: R= -COC_2H_5, R_1 = R_2=O
47: R= -COC_3H_7, R_1 = R_2=O
48: R= -$COCH_2CH_2COOH$, R_1 = R_2=O

4. complexos de pares iónicos e outros derivados:

Foram preparados novos sais de glucosamina de ácidos boswelicos para a sua atividade anti-inflamatória e anticancerígena e derivados do grupo ácido ligados por ponte de metileno a entidades químicas como o ibuprofeno (fig. 5), naproxeno, cetoprofeno, etc.[97, 98]

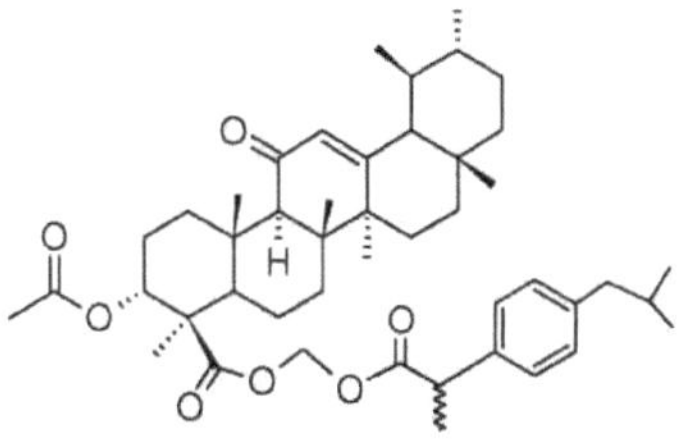

Figura 5: Conjugado AKBA-Ibuprofeno

5. molécula expandida com anel A:

Recentemente, os investigadores sintetizaram vários derivados do AKBA, tais como o composto ciano (figura 6). Estes derivados de AKBA demonstraram que podem ser utilizados no tratamento do cancro da próstata e do cancro do pulmão.[91, 99, 100]

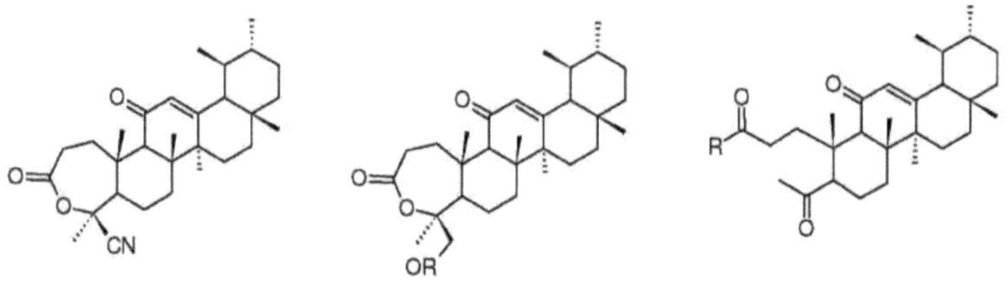

R= Acetyl, propanyl, 2-methyl benzoyl

R= OMe, morpholinyl, Isopropyloxy, OEt

Figura 6: Derivados de AKBA

BIBLIOGRAFIA

1. Cordell, G. A. *Phytochem.* **2000**, *55*, 463-480.

2. Class, J. B.; Natural Resins; **2000**.

3. Dhiman, A. K *Ayurvedic Drug Plants (Daya publishing house)* **2006**, *108*, 396-412.

4. Chrubasik, J. E.; Roufogalis, B. D.; Chrubasik, S. *Phytother. Res.* **2007**, *21*, 675-683.

5. Siddiqui, M. Z. *Indian J. Pharm. Sci.* **2011**, *73*, 255-261.

6. Kumar, A.; Saxena, V.K. *Indian Drugs* **1979**, *16*, 80-83

7. Bhargava,G.G; Negi,J.J; Ghua,H.R.D *Indian Forestry* **1978**, *14*, 174-18.

8. Basar, S.; Koch, A.; Konig, W. A. *Flavour Fragr. J.* **2001**, *16*, 315-318.

9. Hamm, S.; Bleton, J.; Connan, J.; Tchapla, A. *Phytochem.* **2005**, *66*, 1499-1514.

10. Camarda, L.; Dayton, T.; Di Stefano, V.; Pitonzo, R.; Schillaci, D. *Ann. Chim.* ***2007***, *97,* 837-844.

11. Hussain, H.; Al-Harrasi, A.; Hussain, J. *Evid. Based Alternat. Med.* ***2013***, *213*, 1-12.

12. Tschirch, A.; Halbey, O. *Arch. Pharm.* ***1898***, *236*, 487-502.

13. Taneja, S. C.; Sethi, V. K.; Dhar, K. L.; Kapil, R. S. Patente n.º EP0755940 A1 ***1997***.

14. Winterstein, A.; Stein, G. *Hoppe-Zyler's Z. Physiol. Chem.* ***1932***, *208*, 925.

15. Snatzke, G.; Vertesy, L. *Monatsh. Chem.* **1967**, *98,* 121-132.

16. Shah, S. A.; Rathod, I. S.; Suhagia, B. N. et al. *J. Chromatogr. Sci.* **2008**, *46*, 735-738.

17. Hairfield, E. M.; Hairfield, H. H.; McNair, H. M. *J. Chromatogr. Sci.* **1989**, *27*, 127-133.

18. Schweizer, S.; Brocke, A. F.; Boden, S. E.; Ammon, H. P. *J. Nat. Prod.* **2000**, *63*, 1058-1061.

19. Khadem, H.; El-Shafei, Z.; El Sekeily, M.; Abdel, M. M. *Planta Med.* **2009**, *22*, 157-159.

20. Beton, J. L.; Halsall, T. G.; Jones, E. R. H. *J. Chem. Soc.* **1956**, 29042909.

21. Belsner, K.; Buchele, B.; Werz, U.; Simmet, T. *Magn. Reson. Chem.* **2003**, *41*, 629-632.

22. Allan, G. G. *Phytochem.* **1968**, *7*, 963-973.

23. Allan, G. G.; Chopra, C. S. *Phytochem.* **1971,** *10*, 1363-1366.

24. Allan, G. G. *Phytochem.* **1969**, *8*, 2083-2085.

25. Rajnikant, V.K.; Gupta V.D.; Rangari, S.R.; Bapat, R.B.; Agarwal, G.R. *Cryst. Res. Technol,* **2001**, *36*, 93-102

26. Al-Harrasi, A.; Ali, L.; Rehman, N.; Hussain, A. et al. *Chem. Biodiver.* **2013**, *10,* 1501-1506.

27. Pardhy, R. S.; Bhattacharyya, S. C. *Indian J. Chem.* **1978**, *16B,* 176-178.

28. Pardhy, R.S.; Bhattacharyya, S.C. *Indian J.Chem.* **1978**, *16B*, 171-173.

29. Iram, F.; Khan, S.A.; Husain, A, *Asian Pac. J. Trop Biomed.* **2017**, 6, 513-523.

30. Bansal, N.; Mehan, S.; Kalra, S.; Khanna, D. *Pharmacologia* **2013**, *4*, 457-463.

31. Ammon, H. P. *Phytomed.* **1996**, *3*, 67-70.

32. Reddy, G. K.; Chandrakasan, G.; Dhar, S. C. *Biochem. Pharmacol.* **1989**, *38*, 3527-3534.

33. Chatterjee, G. K.; Pal, S. D. *Indian Drugs.* **1984**, *21*, 431.

34. Duwiejua, M.; Zeitlin, I. J.; Waterman, P. G. et al. *Planta Med.* **1993**, *59*, 12-16.

35. Gayathri, B.; Manjula, N.; Vinaykumar, K. S. *Int. Immunopharmacol.* **2007**, *7*, 473-482.

36. Ramakrishnan, G.; Allan, J. J.; Goudar, K. *Int. J. Pharm. Tech. Res.* **2011**, *3*, 261-267.

37. Singh, S.; Khajuria, A.; Taneja, S. C. et al. *Bioorg. Med. Chem. Lett.* **2007**, *17*, 3706-3711.

38. Kimmatkar, N.; Thawani, V.; Hingorani, L.; Khiyani, R. *Phytomed.* **2003**, *10*, 3-7.

39. Lemenih M.; Teketay, D. *Ethiop. J. Sci.* **2003**, *26*, 161-72.

40. Huang, M. T.; Badmaev, V.; Ding, Y.; Liu, Y. et al. *BioFactors Oxf. Engl.* **2000**, *13*, 225-230.

41. Gupta, I.; Gupta, V.; Parihar, A.; Gupta, S. et al. *Eur. J. Med. Res.* **1998**, *3*, 511-514.

42. Safayhi, H.; Mack, T.; Ammon, H. P. *Biochem. Pharmacol.* **1991**, *41*, 1536-1537.

43. Pandey, R. S.; Singh, B. K.; Tripathi, Y. B. *Indian J. Exp. Biol.* **2005**, *43*, 509-516.

44. Kirtikar, K. R.; Basu, B. D. *Indian Med. Plants* **1935**, *1*, 521-529.

45. Borrelli, F.; Capasso, F.; Capasso, R. *Br. J. Pharmacol.* **2006**, *148*, 553560.

46. Jyothi, Y.; Kamath, J. V.; Asad, M. *Pak. J. Pharm. Sci.* **2006**, *19*, 129133.

47. Camarda, L.; Dayton, T.; Di Stefano, V.; Pitonzo, R. *Ann. Chim.* **2007**, *97*, 837-844.

48. Sharma, A.; Bhatia, S.; Kharya, M. D.; Gajbhiye, V. et al. *Int. J. Phytomed.* **2011**, *2*, 94-99.

49. Singh, S.; Khajuria, A.; Taneja, S. C.; Johri, R. K. et al. Phytomed. **2008**, 15, 400-407.

50. Gupta, I.; Parihar, A.; Malhotra, P.; Singh, G. B. et al. Eur. *J. Med. Res.* **1997**, 2, 37-43.

51. Gupta, I.; Parihar, A.; Malhotra, P.; Safayhi, H. *Planta Med.* **2001**, *67*, 391-395.

52. Sharma, A.; Gupta, N. K.; Dixit, V. K. *Drug Deliv.* **2010**, *17*, 587-595.

53. Ammon, H.P.T. *Planta Med.* **2006** ; *Phytomed.* **2010**, *17*, 862-867

54. Ammon, H. P.; Mack, T.; Singh, G. B.; Safayhi, H. *Planta Med.* **1991**, *57*, 203-207.

55. Atal. C. K.; Gupta, O. P.; Singh, G. B. *Br. J. Pharmacol.* **1981**, *74*, 20304.

56. Siemoneit, U.; Hofmann, B.; Kather, N. et al. *Biochem. Pharmacol.* **2008**, *75*, 503-513.

57. Sharma, A.; Chhikara, S.; Ghodekar, S. N. et al. *Pharmacog. Rev.* **2009**, *3,*195-204.

58. Etzel, R. *Phytomed.* **1996**, *3,* 91-94.

59. Sharma A.; Mann, A. S.; Gajbhiye, V.; Kharya, M. D *Pharmaco. Rev.* **2007**, *1*, 137-142.

60. Singh, G. B.; Atal, C. K. *Agents Actions.* **1986**, *18*, 407-412.

61. Atal, C. K.; Sharma, M. L.; Koul, A.; Singh, G. B. *Ind. J. Pharm* **1983**, *15*, 38-42.

62. Cuaz-Perolin, C.; Billiet, L.; Bauge, E.; Copin, C., et al., *Arterioscler. Thromb. Vasc. Biol.* **2008**, *28*, 272-277.

63. Ammon, H. P. T. *Wien. Med. Wochenschr.* **2002**, *152*, 373-378.

64. Sabina, E. P.; Indu, H.; Rasool, M. *Asian Pac. J. Trop. Biomed.* **2012**, *2*, 128-133.

65. Khanna, D.; Sethi, G.; Ahn, K. S. et al. *Curr. Opin. Pharmacol.* **2007**, *7*, 344-351.

66. Atal, C. K.; Singh, G. B.; Batra, S.; Sharma, S. *Indian J. Pharmacol.* **1980**, *12*, 59-62.

67. Graus, I. M. F.; Smit, H. F. patente n° US6492429 B1 **2002**.

68. Sharma, M. L.; Bani, S.; Singh, G. B. *Int. J. Immunopharmacol.* **1989**, *11*, 647-652.

69. Lee, K. H.; Spencer, M. R. *J. Pharm. Sci.* **1969**, *58*, 464-468.

70. Palmoski, M. J.; Brandt, K. D. *Arthritis Rheum.* **1979**, *22*, 746-754.

71. Dekel, S.; Falconer, J.; Francis, M. J. *Prostaglandins Med.* **1980**, *4*, 133140.

72. Brandt, K. D.; Palmoski, M. J. Am. *J. Med.* **1984**, *77*, 65-69.

73. Dhaneshwar, S.; Dipmala, P.; Abhay, H. et al. *Inflamm. Aller. Drug Targets.* **2013**, *12*, 288-295.

74. Kulkarni, R. R.; Patki, P. S.; Jog, V. P. et al. *J. Ethnopharmacol.* **1991**, *33, 91-95.*

75. *Chopra, A.; Lavin, P.; Patwardhan, B.; Chitre, D. J. Rheumatol.* **2000**, *27, 1365-1372.*

76. *Suneela, D.; Dipmala, P. Bioorg. Med. Chem. Lett.* **2012**, *22, 7582-7587.*

77. *Frank, M. B.; Yang, Q.; Osban, J.; Azzarello, J. T. et al. Complement Altern. Med.* **2009**, *9, 6-10.*

78. Hussain, H.; Al-harrasi, A.; Csuk, R.; Shamraiz, U., Green, I.R.; Khan, I.A.; Ali, Z., *Expert Opin. Ther. Target,* **2017**, *27*, 81-90.

79. Sharma, S.; Thawani, V.; Hingorani, L. et al. *Phytomed.* **2004**, *11*, 255260.

80. Syrovets, T.; Buchele, B.; Gedig, E.; Slupsky, J. R. *Mol. Pharmacol.* **2000**, *58*, 71-81.

81. Safayhi, H.; Rall, B.; Sailer, E. R.; Ammon, H. P. *J. Pharmacol. Exp. Ther.* **1997**, *281*, 460-463.

82. Kruger, P.; Daneshfar, R.; Eckert, G. P.; Klein, J. *Drug Metab. Dispos.* **2008**, *36*, 1135-1142.

83. Glaser, T.; Winter, S.; Groscurth, P.; Safayhi, H. et al. *Br. J. Cancer* **1999**, *80*, 756-765.

84. Takahashi, M.; Sung, B.; Shen, Y. et al. *Carcinogénese* **2012**, *33*, 24412449.

85. Liu, J.-J.; Nilsson, A.; Oredsson, S. *Carcinogenesis* **2002**, *23*, 2087-2093.

86. Hostanska, K.; Daum, G.; Saller, R. *Anticancer Res.* **2002**, *22*, 28532862.

87. Siemoneit, U.; Pergola, C.; Jazzar, B.; Northoff, H.; Skarke, C.; Jauch, J.; Werz, O. *Eur. J. Pharmacol.* **2009**, *606*, 246-254.

88. Rall, B.; Ammon, H. P.; Safayhi, H. *Phytomed.* **1996**, *3*, 75-76.

89. Gokaraju, G.; Gokaraju, R.; Golakoti, T.; Gottumukkala, V.; Pratha, S. Patente n.º US20040073060 A1 **2004**.

90. Alexander, D.; Seligson, A. L.; Sovak, M.; Terry, R. C. Patente n.o WO2003077860 A3 **2004**.

91. Simpson, J. C. E.; Williams, N. E. *J. Chem. Soc.* **1938**, *123, 686-688.*

92. Clinton, R.O.; Clarke, R. L.; Stonner, F.W.; Manson, A. J.; Jennings K.F.; Phillips, D.K.

J. Org Chem, **1962**, *27*, 2800-2804.

93. Xenos, C. D.; Catsoulacos, P. *Synth.* **1985**, *7*, 307-312.

94. Shah, B. A.; Qazi, G. N.; Taneja, S. C. *Nat. Prod. Rep.* **2009**, *26*, 72-89.

95. Subba Rao, G. S. R.; Kondaiah, P.; Singh, S. K. et al. *Tetrahedron* **2008**, *64*, 11541-11548.

96. Kumar, A.; Shah, B. A.; Singh, S. et al. *Bioorg. Med. Chem. Lett.* **2012**, *22*, 431-435.

97. Qurishi, Y.; Hamid, A.; Sharma, P. R.; Wani, Z. A. et al. *Anticancer Agents Med. Chem.* **2013**, *13*, 777-790.

98. Gokaraju, G. R.; Gokaraju, R. R.; Gottumukkal, V. S.; Golakoti, T. Patente n.o EP1765761 A1, **2007.**

99. Majeed, M.; Nagebhuananam, K.; Prakash, S.; Ramanujam, R. Patente n.º US7371889 B2, **2008.**

100. Li, T.; Lou, H.; Fan, P., et al. CN104558096, **2015.**

CAPÍTULO 2

2. SÍNTESE DE HÍBRIDOS DE ÁCIDO BOSWELICO: ANTI ACTIVIDADE INFLAMATÓRIA E ANTI-ARTRÍTICA

As moléculas híbridas estão a ganhar importância na medicina, uma vez que as moléculas de um único fármaco nem sempre são capazes de controlar adequadamente as doenças.[1, 2] Na procura de novas entidades medicamentosas, os medicamentos que envolvem a incorporação de dois farmacóforos numa única molécula com a intenção de exercer uma dupla ação medicamentosa seriam vantajosos.[3] Estas moléculas podem ser mais do que a soma dos seus componentes, mas, em muitos casos, devem ser consideradas como entidades farmacológicas em si mesmas.[4] Tais entidades têm merecido uma atenção crescente e têm sido referidas na literatura como "moléculas híbridas", "conjugados", "quimeras" ou mesmo "sereias". Estes híbridos podem ser concebidos a partir de componentes cuidadosamente seleccionados, quer através da integração no domínio de características estruturais/funcionais fundamentais, quer *através de* ligações directas numa molécula.[5]

"As moléculas híbridas são definidas como entidades químicas com dois ou mais domínios estruturais ligados covalentemente (com dois farmacóforos distintos) com diferentes modos de ação biológica/funções de perfil". A estratégia híbrida é útil para corrigir os perfis farmacocinéticos e farmacodinâmicos de uma pista valiosa. [2] Quando um candidato a medicamento tem uma fraca biodisponibilidade e uma elevada toxicidade, uma parte da molécula de hidreto pode contrabalançar o efeito secundário conhecido associado a outra parte híbrida ou amplificar o seu efeito.

A abordagem híbrida é um caminho promissor para as moléculas de fármacos que podem efetivamente visar doenças multifactoriais como as inflamatórias,[6, 7] antimaláricas,[8] antitumorais,[9,10] anti-hipertensivas,[11] antioxidantes,[12] anticonvulsivantes,[13] antimicrobianas,[14, 15] antiplasmodiais,[16] Alzheimer[17,18] anti-HIV[19] e atividade antiparasitária.[20] Geralmente, dois compostos sintéticos utilizados para o desenvolvimento de híbridos.

No entanto, nos últimos anos, pelo menos uma parte é um produto natural biologicamente ativo.[21] Este facto inspirou a investigação sobre a síntese de produtos naturais híbridos biologicamente activos.[22] Os esteróides, os triterpenóides e as antroquinonas são utilizados em híbridos devido à sua ampla ocorrência em plantas, tecidos de mamíferos, estrutura rígida, com diferentes níveis de funcionalização e amplo perfil de atividade biológica (fig. 1).[23, 24] Por exemplo, o híbrido testosterona-clorambucil (I) e o híbrido estrogénio-antracenediona para o tratamento do cancro da próstata.[25, 26] Híbrido N-alilado/alquilado rnacm-α-amirina (II) e híbrido lupeol-α-amirina (III) para atividade inibidora da α-glucosidase.[27] Híbrido esteroide-antraquinona (IV),[25] híbrido taxol-enediina (taxamicinas, V) e híbrido duocarmicina-pirrolo/amida imidazol (VI) como inibidores da protease do VIH específicos da sequência de ADN. Híbridos esteroide-fullereno (VII) para efeitos citotóxicos,[28] híbrido estrona-ácido hidroxómico cíclico (VIII) e híbridos alcalóides de Cinchona-ácido biliar para actividades antileishmania e antiplasmodial. [29, 30]

Figura 1: Alguns produtos naturais híbridos biologicamente activos

Classificação dos híbridos

As moléculas híbridas podem ser classificadas em quatro categorias.[31]

Com base nos tipos de ligantes que ligam os dois farmacóforos, as moléculas híbridas podem ser classificadas da seguinte forma (fig.2).

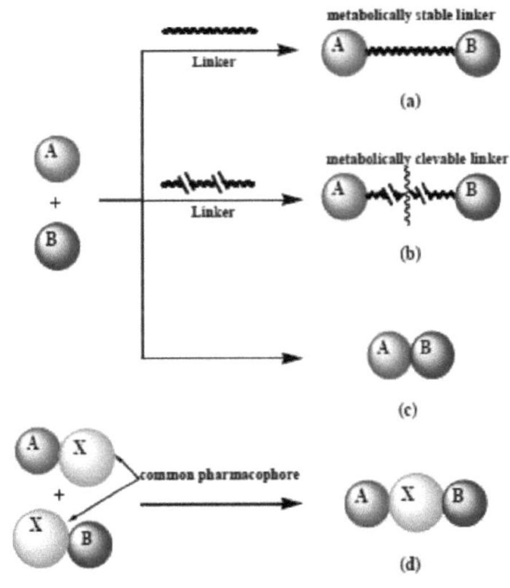

Figura 2: Diferentes abordagens de hibridação a) híbridos conjugados b) híbrido conjugado de clivagem c) híbrido fundido d) híbrido fundido

i) Híbridos conjugados: Moléculas em que ambos os farmacóforos estão unidos através de um ligante metabolicamente estável, que não faz parte de nenhum dos farmacóforos individuais. O melhor exemplo deste tipo de híbrido é o Trioxano - Quinolina.[3]

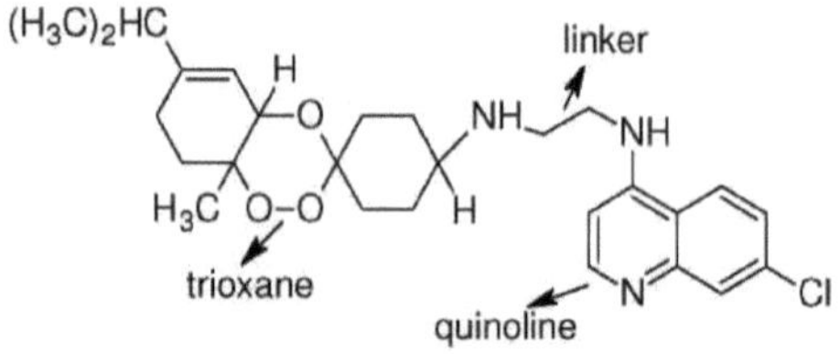

Trioxaquine hybrid

ii) Híbridos conjugados de clivagem: Nestes híbridos, o ligante é concebido para ser metabolizado de modo a libertar os dois fármacos que interagem independentemente com cada alvo, por exemplo, o híbrido trifluorometilartemismina-mefloquina, em que ,CF_3 artemisina se liga à mefloquina através de um ligante diéster.[32]

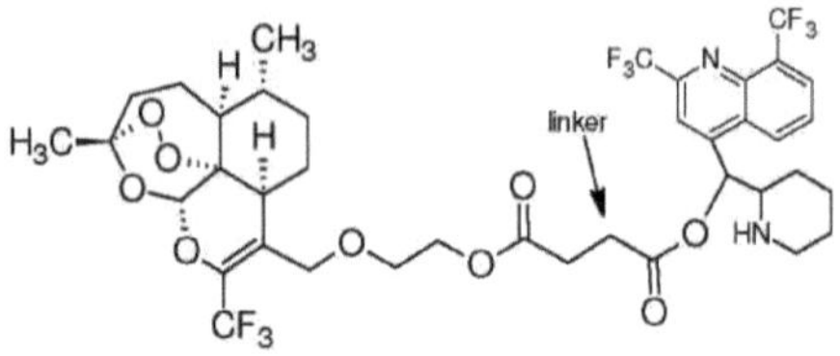

Artemisinin-quinoline hybrid

iii) Híbridos fundidos: As moléculas, nas quais o tamanho do ligante é diminuído / removido de tal forma que a estrutura dos farmacóforos está em contacto.[33] Ex. A di-hidroartemisinina com uma porção de aminoquinolina resulta na formação de um híbrido artemisinina-aminoquinolina, que é mais ativo contra a estirpe CQR resistente à cloroquina.[34]

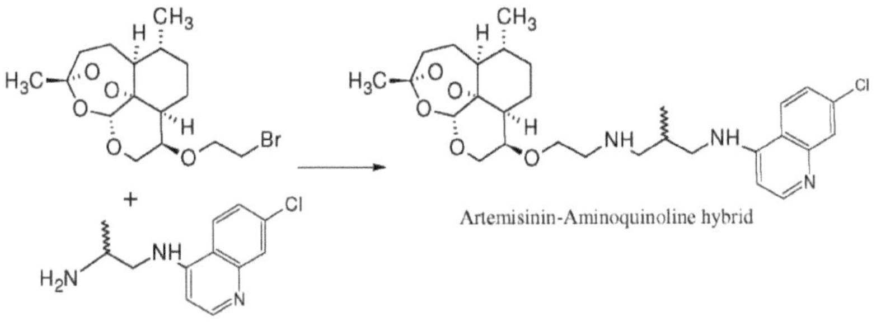

Artemisinin-Aminoquinoline hybrid

iv) Híbridos fundidos: Este é o tipo mais comum de híbridos fundidos, tirando partido do fracóforo comum nas estruturas dos compostos de partida, que dão origem a moléculas mais pequenas e mais simples. Ex. Híbrido fundido Ferroquina (FQ)-tiossemicarbazona (TSC) que permite a coordenação com o ião metálico (ferro), enquanto a estrutura da aminoquinolina permite o transporte do composto para o vacúolo alimentar do parasita.[35]

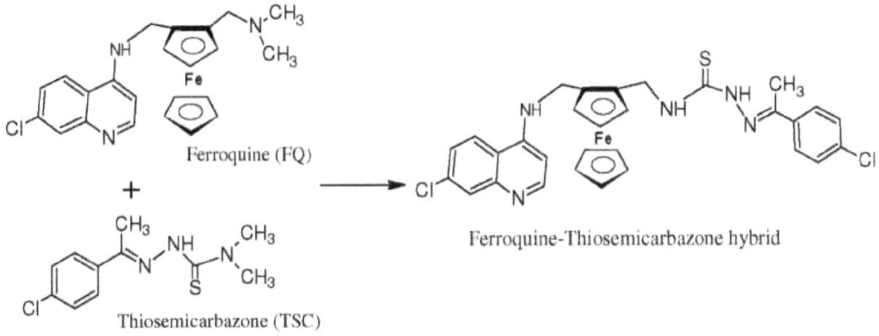

Ferroquine (FQ)

Thiosemicarbazone (TSC)

Ferroquine-Thiosemicarbazone hybrid

IMPORTÂNCIA DO PRESENTE TRABALHO

Neste capítulo, tratamos de moléculas híbridas fundidas a partir de ácidos boswelicos da resina de goma de *Boswellia*. A ação anti-inflamatória da resina de goma de *Boswellia* foi atribuída a um grupo de ácidos triterpénicos denominados ácidos boswelicos.[36 37] que são inibidores naturais da 5-lipoxigenase.[38-40] A inflamação pode ser controlada eficazmente através da inibição da formação de mediadores inflamatórios, tais como os eicosanóides. Os eicosanóides, as prostaglandinas e os leucotrienos são produzidos principalmente a partir do ácido araquidónico que foi libertado das membranas celulares e podem ser suprimidos através da inibição da ciclo-oxigenase e da lipoxigenase, respetivamente. [41] No grupo das ciclo-oxigenases, a inibição da forma 2 da enzima ciclo-oxigenase (COX 2) é mais desejável para reduzir a inflamação.[42, 43] Como inibidores da enzima COX, os anti-inflamatórios não esteróides (AINE) têm sido amplamente utilizados para tratar a inflamação, a dor ligeira a moderada e a febre.[44, 45]

A fim de aumentar a sua eficácia e biodisponibilidade, estes ácidos boswelicos foram combinados com os AINE disponíveis. A goma-resina é constituída principalmente por ácido boswélico (BA) como principal ácido triterpenóico, juntamente com ácido 11-ceto-β-boswélico (KBA) e acetatos correspondentes, como ácido 3-O-acetil-β-boswélico (ABA), ácido 3-O-acetil-11-ceto-β-boswélico (AKBA), juntamente com ácidos terpenóicos tetracíclicos. [46, 47]

Uma vez que os sais de ácidos boswélicos da glucosamina não apresentaram um efeito sinérgico significativo na inflamação aguda, criámos moléculas híbridas covalentes de ácidos boswélicos com fármacos anti-inflamatórios não esteróides (AINE). A abordagem de hibridação é uma técnica em que duas entidades medicamentosas distintas são ligadas covalentemente numa molécula.[48, 49] A conceção e o desenvolvimento de moléculas híbridas com a intenção de exercer uma dupla ação farmacológica ou de aumentar a sua atividade é uma tendência atual. [50-55]Quando um candidato a fármaco tem uma biodisponibilidade fraca, a estratégia híbrida também é útil para corrigir os perfis farmacocinéticos e farmacodinâmicos, conduzindo a uma pista valiosa.[56]

A inflamação é o gatilho inicial de várias doenças diferentes. Embora a inflamação não seja a causa direta destas doenças, os processos inflamatórios aumentam frequentemente a dor e o sofrimento associados.[57] A primeira linha de tratamento clínico para as doenças inflamatórias são os AINEs através da via da COX. Os fármacos de múltiplos ligandos que utilizam técnicas de hibridação podem atuar num único ou em múltiplos alvos com uma ação sinérgica e minimizar a toxicidade ou as reacções adversas.[58, 59]

Na continuação do nosso trabalho de investigação sobre a resina de goma de boswellia[60-62], sintetizámos uma série de moléculas híbridas contendo farmacóforos importantes, tais como fármacos anti-inflamatórios não esteróides (NSAIDS) e ácidos boswelicos e descrevemos a sua atividade anti-inflamatória e anti-artrítica potenciada.

RESULTADOS E DISCUSSÃO

Química

Isolamento e composição dos ácidos triterpénicos da goma-resina de *B.serrata*.

Os ácidos boswelicos da resina de goma de *B. serrata foram* isolados a partir de HPLC ácido/base (fig. 3), o gráfico mostra a heterogeneidade da resina de goma. As misturas de ácido foram submetidas a cromatografia em coluna para isolar os ácidos boswelicos, ou seja, β-BAr 18-20%; p-ABA: 4-5%; KB A: (3-4%); AKBA (>i%); KTA (4-5%). Em segundo lugar, a fração ácida foi metilada e depois purificada por cromatografia em coluna e os componentes individuais foram caracterizados por RMN, GC-MS e pontos de fusão.

Sl .No	Major Boswellic acids and Tirucalic acids			% of acid
1	R_1 =OH	R_2, R_3= H	β- Boswellic acid (β-BA)	18-20
2	R_1 =OH	R_2, R_3= O	11-Keto-β-boswellic acid (β-KBA)	4-5
3	R_1 = OAc	R_2, R_3= H	3-O-Acetyl-β-boswellic acid (β-ABA)	3-4
4	R_1 =OAc	R_2, R_3= O	3-O-Acetyl-11-keto-β-boswellic acid (AKBA)	>1
5	R_1 = OH	R_2, R_3= H	α-Boswellic acid (α-BA)	>1
6	R_1= OAc	R_2, R_3= H	3-O-Acetyl-α-boswellic acid (α-ABA)	>0.5
7	-	-	3-Keto-Tirucallic acid (3-KTA)	2-3

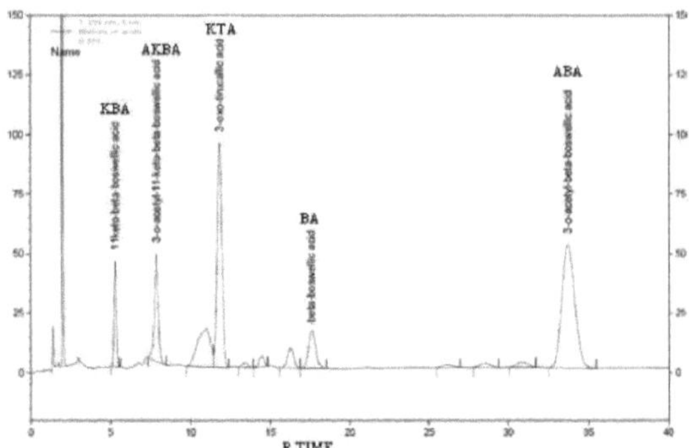

Figura 3: HPLC da mistura de ácidos boswelicos. BA (ácido β-boswélico); KBA (ácido 11-ceto-β-boswélico); ABA (ácido 3-O-acetil-β-boswélico); AKBA (ácido 3-O-acetil-11-ceto-β-boswélico); KTA (ácido 3-ceto-tirutílico)

R^1 = R^2 = H, R=H (BA)
R^1 = R^2 = O, R=H (KBA)
R^1 = R^2 = H, R=COCH$_3$ (ABA)
R^1 = R^2 = O, R=COCH$_3$ (AKBA)

1: R^1 = R^2 = H, R=H (MBA)
2: R^1 = R^2 = O, R=H (MKBA)
3: R^1 = R^2 = H, R=COCH$_3$ (MABA)
4: R^1 = R^2 = O, R=COCH$_3$ (MAKBA)

Esquema 1: Metilação dos principais ácidos boswelicos

Reagentes e condições: (a) DMS/ K2CO3/DMF a ~80°C durante 6 horas.

Isolamento dos ácidos β-boswelicos: Extraiu-se a resina de goma de *Boswellia serrata* (1Kg) com metanol (2 x 2 L) num percolador e os extractos combinados foram evaporados sob pressão reduzida a 45° C para obter um resíduo castanho espesso (450 g). O resíduo foi agitado com NaOH a 3 % (5 L) até obter uma emulsão uniforme.

A camada aquosa foi extraída com CH2Cl2 para remover a parte não ácida. A camada aquosa foi acidificada com HCl 1N para precipitar os ácidos orgânicos totais. Os ácidos filtrados foram lavados com água várias vezes até se obter um pH neutro. Os ácidos totais brutos foram redissolvidos numa solução de NaOH a 3 % e repetiu-se o processo até se obter um pó branco. Em seguida, o produto foi seco em estufa de vácuo a menos de 50º C para obter o pó bruto de ácidos boswelicos (260 g).

Mistura de ácidos para metilação: O teor total de ácido dos quatro principais BAs, estimado por titulação ácido-base, foi de 94±2 %. Dissolveu-se uma mistura de ácidos (100 g) em DMF (300 ml), adicionou-se K2CO3 (45 g, 32,6 mol), aqueceu-se até 80º C e depois adicionou-se DMS (27,5 g, 21,8 mol) e manteve-se a esta temperatura durante 6 h. A massa reacional foi arrefecida até à temperatura ambiente e arrefecida em gelo, acidificada até o pH ser 3-4 e extraída com acetato de etilo (3 x 500 ml). O extrato combinado foi seco sobre Na2SO4 e evaporado sob vácuo para obter o éster metílico dos ácidos boswelicos (105 g). Assim, isolaram-se os dois principais triterpenos pentacíclicos MBA (**1**) e MKBA (**2**), juntamente com a quantidade menor de MABA (**3**) e MAKBA (**4**), como no esquema 1.

Separação: A mistura de ésteres metílicos de ácidos boswelicos (100 g) foi carregada numa coluna de gel de sílica (60-120 mesh, 1Kg) e a eluição da coluna foi efectuada com hexano/acetato de etilo (95/5 a 85/15), tendo-se obtido ésteres metílicos puros de BA (22,3 g) e KBA (3,9 g).

Para a preparação dos híbridos, optou-se pela estrificação de Steglich (formação de ésteres a partir de ácido carboxílico e álcool na presença de diciclohexilcarbodiimida (DCC) como reagente de acoplamento e 4-dimetilaminopiridina (DMAP) como estratégia catalisadora (esquema 2).

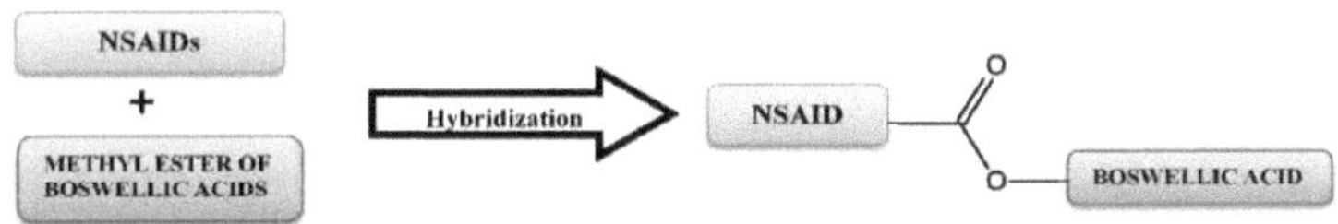

Figura 4: Estratégia implementada para a síntese de híbridos de ácido boswelico

Os ésteres metílicos dos ácidos **beta-boswélico (1)** e 11-ceto-beta-boswélico (**2**) foram tratados com os ácidos aril-propiónicos correspondentes (AINE, fig. 6) como (±) ibuprofeno, (±) naproxeno, aceclofenac, cetoprofeno, indometacina e diclofenac na presença de DCC e

25

DMAP em diclorometano a 0°C durante uma hora (esquema 2).

Procedimentos gerais para a síntese de híbridos

A uma solução de éster metílico do ácido boswélico (1,0 g, 2,12 mmol) e éster metílico do ácido 11-ceto boswélico (1,0 g, 2,06 mmol) em DCM (15 ml), foram adicionados os NASIDs correspondentes (1,**5** equivalente) e DMAP (120 mg, 0,1 mmol), agitados a 0° C até à obtenção de uma solução límpida, sendo depois adicionada lentamente uma solução de DCC (660 mg, 3,2 mmol) em DCM (10 ml). A mistura reacional foi mantida a 0° C sob agitação durante 1 h e a **25-30°** C durante 30-40 min. A conclusão da reação foi confirmada por TLC. A mistura **reacional foi** filtrada e o filtrado (diluído com 30 ml de DCM) foi vertido em água gelada, depois a mistura foi acidificada com HCl 0,1 N e separada a camada orgânica, lavada com água **e** seca sobre Na2SO4. A camada orgânica foi evaporada sob vácuo e o produto em bruto foi purificado em coluna de sílica utilizando uma relação hexano/acetato de etilo com uma ordem crescente de polaridade e os híbridos isolados (fig. 7) formados **5-10 a** partir de MBA e **11-16 a** partir de MKBA foram posteriormente purificados por cromatografia em coluna utilizando hexano e acetato de etilo como eluente.

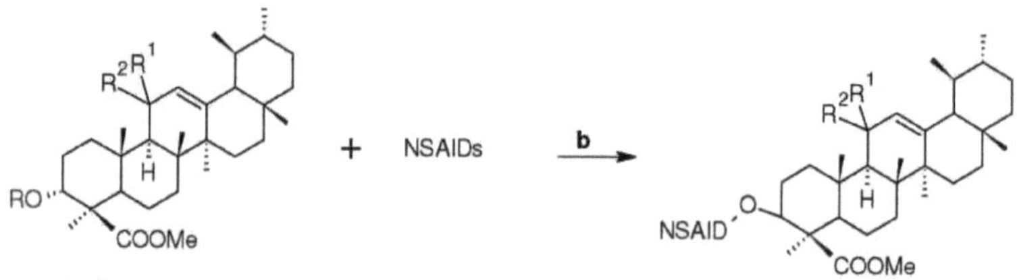

R=H, R^1, R^2 =H (3-hydroxyβ-Boswellic acid)
R=H, R^1, R^2 =O (3-hydroxy-11-Keto-β-boswellic acid)

Hydrid molecule

Esquema 2: Síntese dos híbridos

Reagentes e condições: (b) DCC/ DMAP/DCM/diferentes NSAIDS, 0-5°C durante 1h.

Estes híbridos mostraram no espetro de IV uma boa frequência de estiramento de carbonilo em v_{max} 1728-1743cm^{-1} indicando a formação de éster. A massa molecular foi confirmada por HR-MS, LC-MS e GC-MS. Os compostos (5-10) têm um pico de fragmento significativo a m/z 218, enquanto os híbridos (11-16) têm picos de fragmento significativos a m/z 273 e 232. Os rendimentos isolados variaram de 68-84%, confirmando as suas estruturas por RMN, GC-MS, IR e HREI-MS.

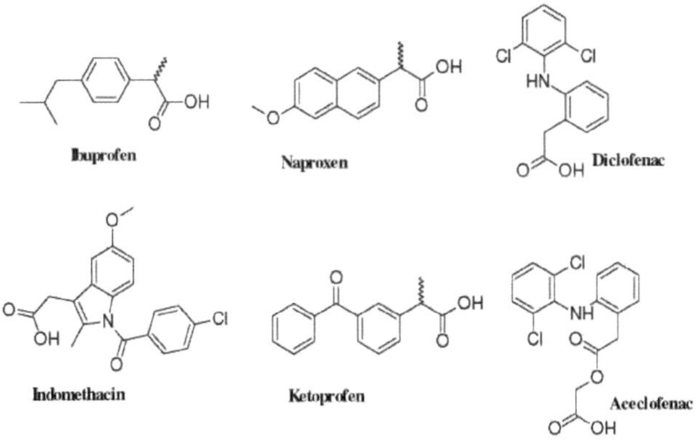

Ibuprofen

Naproxen

Diclofenac

Indomethacin

Ketoprofen

Aceclofenac

Figura 6: Diferentes AINEs utilizados para a síntese de híbridos

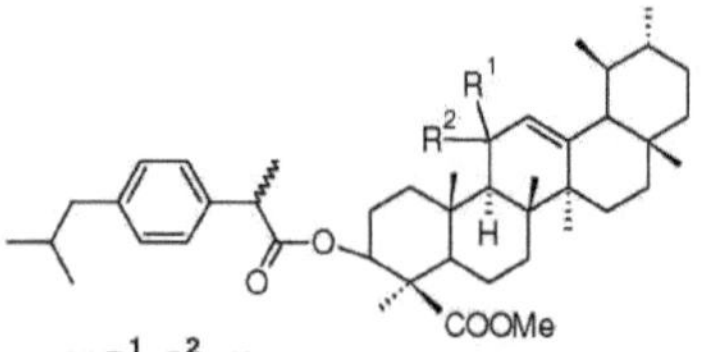

5: R^1, R^2 =H
11: R^1, R^2 =O

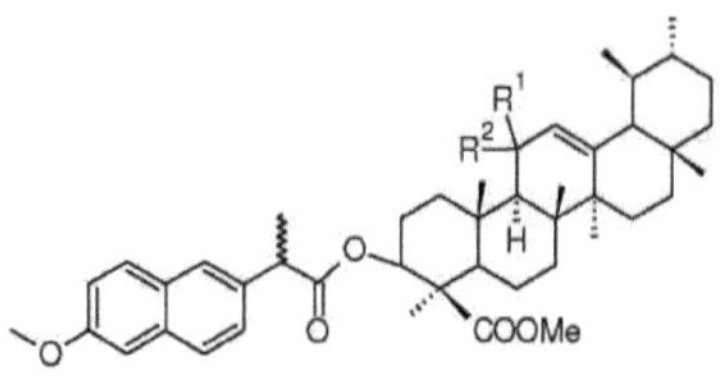

6: R^1, R^2 =H
12: R^1, R^2 =O

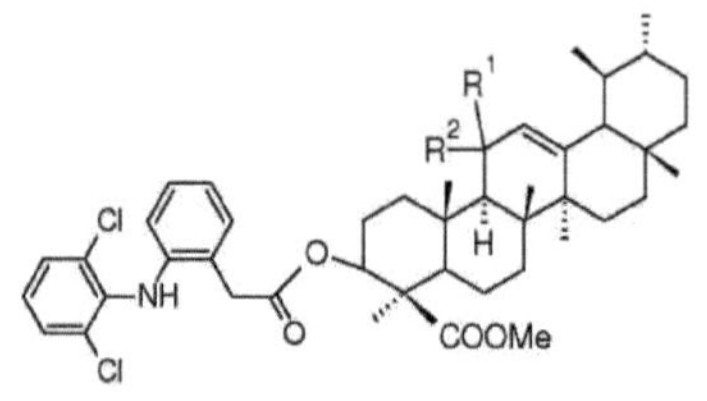

7: R^1, R^2 =H
13: R^1, R^2 =O

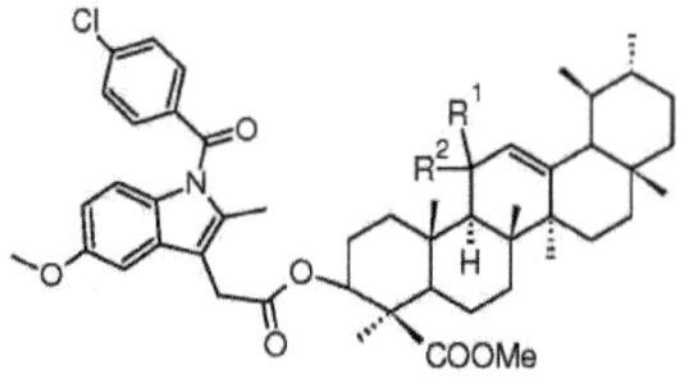

8: R^1, R^2 =H
14: R^1, R^2 =O

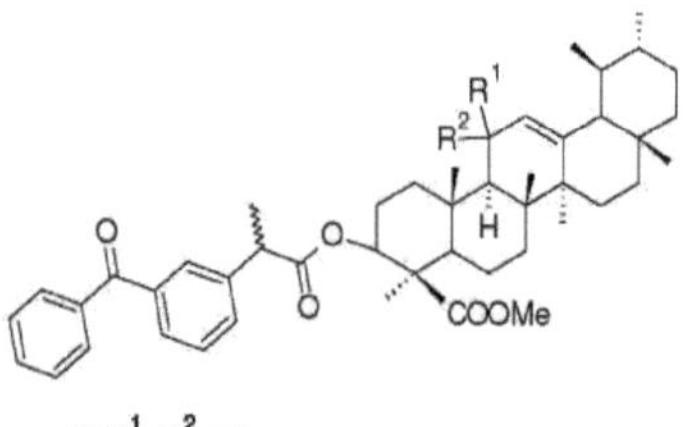

9: R^1, R^2 =H
15: R^1, R^2 =O

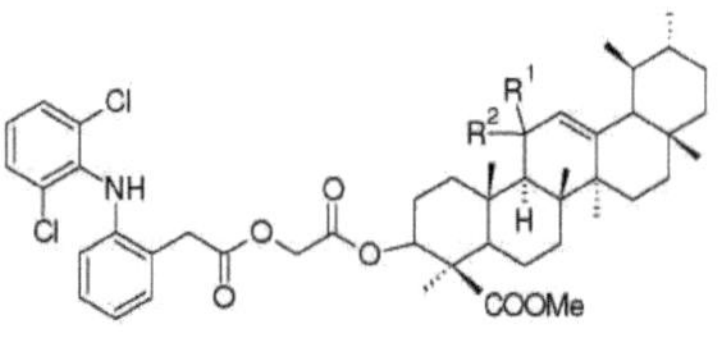

10: R^1, R^2 =H
16: R^1, R^2 =O

Figura 7: Estruturas dos híbridos de ácido boswelico (5-10) e dos híbridos de ácido 11-ceto boswelico (11-16).

Nos espectros de RMN, o protão H-3 do éster metílico do ácido boswelico apareceu a δ 4,13 e o éster metílico do ácido 11-ceto boswelico a δ 4,10, respetivamente. Após a formação do protão H-3 híbrido, o protão deslocou-se para o campo inferior em cerca de δ 1 a 1,5.

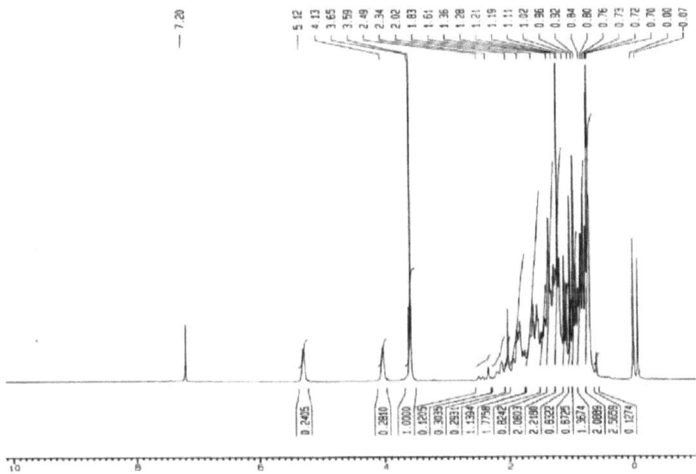

Espectro 1: RMN de protões do metil-3-hidroxi-urs-12eno-24β-oato (MBA, **1**)

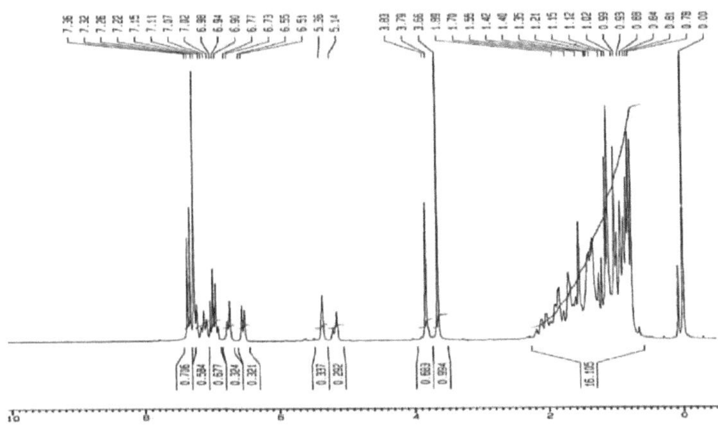

Espectro 2: RMN de protões do 3-[{2-[(2',6'-diclorofenil)amino] fenil} acetil]-12-urseno-24-oato de metilo (**7**)

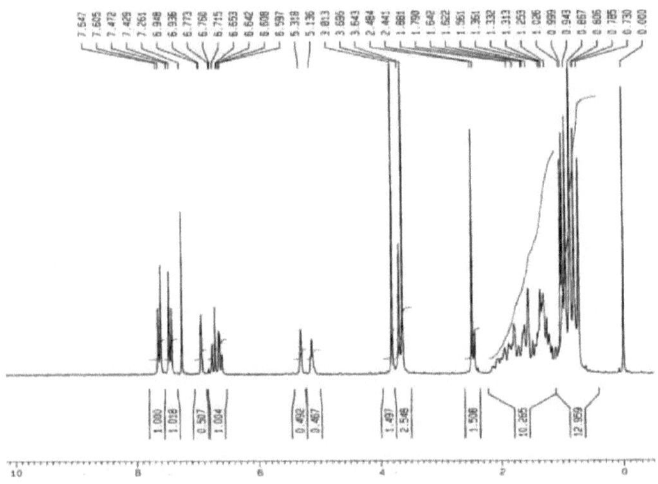

Espectro 3: RMN de protões do 3-[1-(4'-clorobenzoil)-5'-metoxi-2'-metil-1H-indole-3'acetil]-12-urseno-24-oato de metilo (**8**)

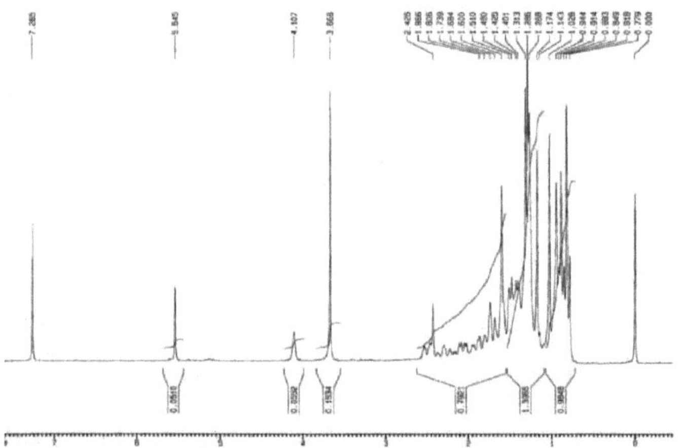

Espectros 4: RMN de protões do metil-3-hidroxi-urs-12eno-11-oxo-24β-oato (MKBA, **2**)

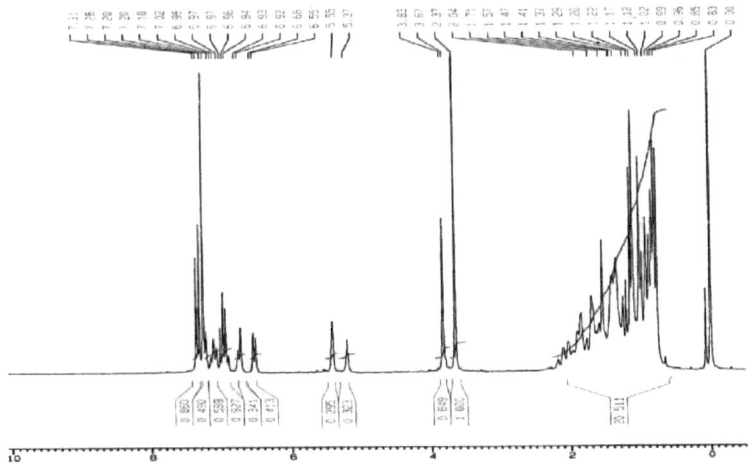

Espectro 5: RMN de protões do 3-[{2-[(2', 6'-diclorofenil) amino] fenil} acetil]-11-oxo-12-ursen-24-oato de metilo (**13**)

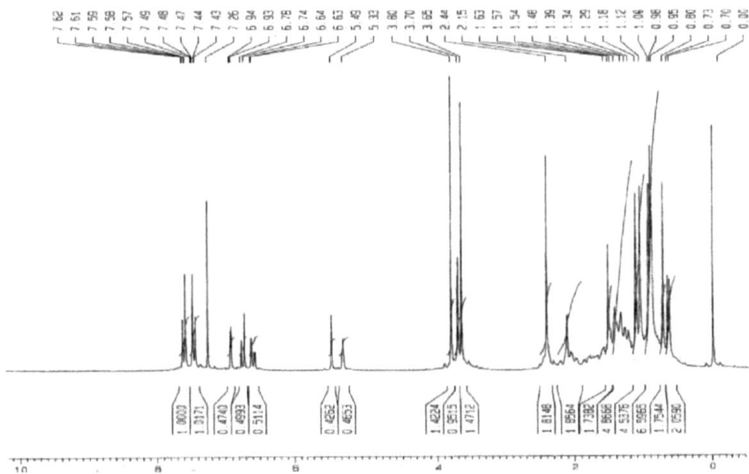

Espectro 6: RMN de protões do 3-[1-(4'-clorobenzoil)-5'-metoxi-2'-metil-1H-indole-3'acetil]-11-oxo-12-ursen-24-oato de metilo (**14**)

Em seguida, os híbridos sintetizados (5-8) e (11-14) foram submetidos a uma avaliação biológica para testar a sua atividade anti-artrítica e anti-inflamatória.

Atividade biológica

Como parte do estudo biológico com moléculas híbridas para a avaliação do estudo anti-inflamatório agudo através do modelo de edema da pata induzido por carragenina e da eficácia anti-artrítica crónica através do modelo de artrite induzida por Adjuvante Completo de Freund (CFA), foram utilizadas. A diferença no volume da pata foi medida utilizando um pletismómetro. Foi também estudada a interação dos híbridos com a atividade da ciclo-oxigenase (COX-2) e a histopatologia das articulações.

Estudos em animais

Um total de 96 ratos albinos Wistar machos, pesando entre 230 g e 250 g, foram utilizados neste estudo. Os animais foram alojados em gaiolas de polipropileno com casca de arroz esterilizada como cama, numa sala climatizada a uma temperatura de $24\pm1^\circ$ C e um ciclo de 12 horas de luz/obscuridade. Os ratos foram alimentados com rações padrão de dieta para ratos e água *ad libitum*. Os animais foram deixados a aclimatar-se às condições ambientais durante uma semana antes das experiências. Os animais foram divididos aleatoriamente em grupos experimentais e de controlo. As experiências com animais foram realizadas de acordo com as directrizes nacionais para a utilização e tratamento de animais de laboratório e aprovadas pelo Comité de Ética Institucional.

A) Atividade anti-inflamatória

O teste da carragenina foi selecionado devido à sua sensibilidade na representação de agentes anti-inflamatórios activos por via oral, particularmente na fase aguda da inflamação.[63] A injeção intraplantar de carragenina em ratos provoca edema da pata. O edema induzido pela carragenina é altamente sensível aos AINE e tem sido aceite como um indicador útil para identificar as novas moléculas anti-inflamatórias.[64] A segunda fase está correlacionada com os leucotrienos e a administração oral de diferentes híbridos suprime a inflamação.

Neste estudo, o edema da pata traseira do rato induzido por carragenina foi utilizado como modelo de inflamação aguda de acordo com o método de Winter.[65] Os animais foram pesados e divididos aleatoriamente em 12 grupos de 4 ratos cada. Os grupos de animais foram tratados com os híbridos 5, 6, 7, 8, 11, 12, 13 e 14, respetivamente, na dose de 10mg/kg de peso corporal. Após 45 minutos de administração intraperitoneal dos respectivos compostos de ensaio aos respectivos grupos, 0,1 ml de uma solução de 10 mg/mL de carragenina (Sigma, EUA) preparada em solução salina normal foi injectada por via intradérmica na região subplantar da pata traseira direita dos ratos. O nível de inflamação foi quantificado às 0 horas, 3 horas e 24 horas após a injeção de carragenina, utilizando um pletismómetro (IIHC life sciences, EUA). O volume médio da pata foi registado nos respectivos intervalos de tempo (tabela 1).

Quadro 1: Atividade anti-inflamatória dos híbridos, volume da pata de ratos com inflamação induzida por carragenina em diferentes momentos, utilizando o pletismómetro.[66]

| | Dose in mg/kg body weight | Paw edema volume | | | |
| | | At different time point after injecting carrageenan | | | |
Hybrids		0th	2h	4h	24h
5	10	1.08±0.09	1.31±0.09	1.45±0.16	1.26±0.06***
6	10	1.10±0.04	1.47±0.11	1.54±0.27	1.21±0.07***
7	10	1.10±0.02	1.53±0.22	1.52±0.19	1.30±0.14***
8	10	1.10±0.02	1.71±0.08	1.62±0.40	1.41±0.04**
11	10	1.11±0.04	1.88±0.13	1.97±0.17	1.83±0.12*
12	10	1.19±0.02	1.40±0.06	1.61±0.12	1.26±0.16***
13	10	1.10±0.02	1.71±0.27	1.81±0.18	1.55±0.20**
14	10	1.10±0.02	1.75±0.08	1.60±0.10	1.47±0.11**
[a]NC1	-	1.10±0.04	1.10±0.04	1.10±0.04	1.10±0.04
[b]NC2	-	1.07±0.01	2.17±0.07	2.21±0.12	1.69±0.09
[c]PC1	10	1.10±0.04	1.65±0.07	1.65±0.10	1.52±0.05
[d]PC2	10	1.18±0.03	1.58±0.12	1.69±0.06	1.62±0.08

[a]NC1: ratos saudáveis;[b] NC2: ratos injectados com carragenina;[c] PC1: ratos tratados com ibuprofeno;[d] PC2: Ratos tratados com KBA. Cada valor representa a média ± S.D. e o nível de significância foi determinado pelo teste de Bonferroni *P<0,001*. * Sem efeito; ** efeito moderado; *** efeito significativo

Dos resultados tabulados acima, conclui-se que todos os híbridos sintetizados reduziram eficazmente o edema em comparação com NC2, ou seja, melhor atividade inflamatória do que o ibuprofeno padrão e o composto original. Entre os híbridos, **5, 6 e 12** apresentaram melhor atividade anti-inflamatória. No intervalo de 2 horas, o híbrido **5** mostrou melhor atividade anti-inflamatória medida como redução do volume (1,31±0,09) em comparação com o híbrido **11** (1,88±0,13). O resto do grupo apresentou uma atividade moderada. A mesma tendência também foi observada às 4 horas. Às 24 horas, a maior diminuição do volume da pata foi registada nos híbridos **6 e 12** (1,21±0,07 e 1,26±0,16, respetivamente). Os volumes das patas diminuíram consideravelmente antes de atingirem níveis normais no final do terceiro dia. Os híbridos **5, 6 e 12** parecem ser bons agentes anti-inflamatórios em comparação com os compostos individuais.

B) Atividade anti-artrítica

Dado que a artrite humana e a artrite induzida por adjuvante em modelo de ratazana se assemelham, a inibição dos parâmetros da doença em modelo de ratazana é um dos procedimentos mais adequados para selecionar compostos anti-artríticos.[67] Devido à semelhança estrutural entre as micobactérias e os proteoglicanos da cartilagem, pensa-se que a artrite induzida pelo adjuvante de Freund ocorre através de autoimunidade mediada por células. Ativa macrófagos e linfócitos através da inoculação de adjuvante. A ciclo-oxigenase (COX) é a enzima chave necessária para a conversão do ácido araquidónico em prostaglandinas inflamatórias (PGs).[68] As prostaglandinas são responsáveis por várias manifestações da resposta inflamatória, incluindo febre, hiperalgesia e aumento da permeabilidade vascular e edema. As PGs estão envolvidas numa série de condições e doenças inflamatórias, como a artrite e a inflamação da pele. Os inibidores da COX-2 são potentes fármacos anti-inflamatórios.

A artrite induzida pelo adjuvante de Freund completo (CFA) é um dos modelos mais utilizados, uma vez que se demonstrou que partilha uma série de características imunológicas e clínicas com a artrite humana.[69] Os ratos foram agrupados aleatoriamente em 12 grupos, tal como no estudo anti-inflamatório mencionado anteriormente. O processo de artrite foi induzido nos ratos com a injeção intradérmica de 0,2 ml de adjuvante de Freund contendo *Mycobacterium tuberculosis* morto pelo calor em óleo de parafina na pata traseira direita. O dia em que o adjuvante foi injetado foi considerado o dia 0. A partir do dia 7, os respectivos compostos dissolvidos em dimetilsulfóxido foram administrados por gavagem diariamente até ao dia 21, na dose de 3mg/kg e 10mg/kg de peso corporal (os resultados da dose de 10mg/kg foram significativos, pelo que os mesmos foram tabulados abaixo). A inflamação foi quantificada através da medição do volume da pata nos dias 0, 7, 14 e 21 (ilustrado na fig. 5 e fig. 6), utilizando um pletismómetro e, no mesmo dia, o soro foi recolhido e armazenado a -20° C até à análise da atividade da COX-2. No final do estudo, os animais foram sacrificados e os tecidos foram recolhidos e armazenados em solução de formalina a 10%. As articulações do tornozelo foram utilizadas para estudos histopatológicos.

Como se pode ver nas figuras 5 e 6, o volume da pata foi reduzido significativamente 21 dias após a indução do edema da pata, em todos os grupos, em comparação com o controlo (NC2). A redução mais elevada do volume da pata foi observada no híbrido **5** (2,36±0,12), para além dos ratos tratados com ibuprofeno PC1 (2,22±0,04). O efeito moderado foi observado nos híbridos **8** (2,58±0,13), **14** (2,58±0,18) e **11** (2,66±0,26). A menor redução do volume da pata foi registada no híbrido **6** (3,05±0,4). Embora a redução do edema da pata não tenha sido muito elevada, os restantes compostos também mostraram uma atividade anti-artrítica considerável, com uma redução média do volume da pata.

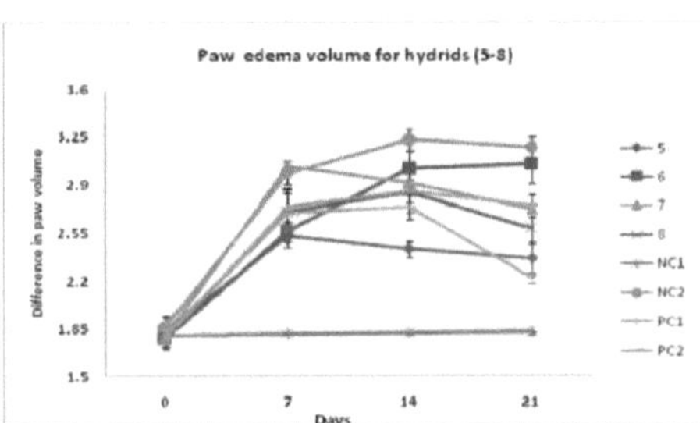

Figura 5: Atividade anti-inflamatória dos híbridos de ácido boswelico (5-8).

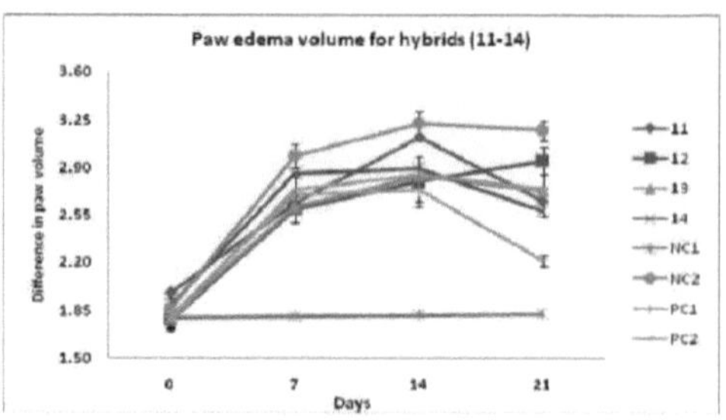

Figura 6: Atividade antiartrítica dos híbridos de ácido 11-ceto boswelico (11-14).

C) Ensaio de atividade da COX-2:

Existem três isoformas da enzima COX: COX-1, COX-2 e COX-3. [70, 71] A COX-2 não é detetável na maioria dos tecidos normais. [72] No entanto, a expressão da COX-2 é induzida como resposta a uma inflamação.[73]

O soro de animais tratados com 21 dias **de idade**, armazenado a -20^0 C, foi utilizado para a análise da atividade da COX-2 (quadro 3). A atividade da COX-2 foi então medida utilizando um kit comercial de ensaio da atividade da COX que mede a atividade da peroxidase da COX. O ensaio foi efectuado de acordo com as instruções do fabricante. Resumidamente, a atividade da peroxidase foi testada calorimetricamente através da monitorização do aparecimento de N,N,N,N'-tetrametil-p-fenilenodiamina (TMPD) oxidada a 590 nm. A atividade da COX é expressa como a taxa de oxidação da TMPD em nmol/min/mg de proteína, como no quadro 3 e na apresentação gráfica (fig. 7).

Quadro 3: Atividade da COX dos híbridos de ácido boswelico

Compounds	Dose (mg/kg)	COX-2 activity at 21st day	% increase in COX activity
5	10	69.91±12.42	132.73±7.58
6	10	75.79±6.49	143.89±3.95
7	10	79.68±11.53	151.28±7.01
8	10	93.39±6.21	177.31±3.77
11	10	69.52±4.95	131.97±9.96
12	10	81.82±5.09	155.34±3.01
13	10	88.82±15.18	168.63±9.96
14	10	104.79±14.21	198.94±8.64
NC1*	-	52.67±3.52	100±2.14
NC2*	-	120.28±18.47	228.35±11.23
PC1*	10	66.74±13.22	126.69±8.04
PC2*	10	107.01±13.27	203.16±8.07

*NC1: ratos saudáveis; NC2: ratos injectados com carragenina; PC1: ratos tratados com ibuprofeno; PC2: Ratos tratados com KBA. Cada valor representa a média ± S.D. e o nível de significância foi determinado pelo teste de Bonferroni $P<0,001$.

Entre os híbridos testados quanto ao seu papel na atividade anti-artrítica, os híbridos **5** e **11** (combinação de BA+Ibuprofeno e KBA+Ibuprofeno, respetivamente) diminuíram significativamente a atividade COX-2 no soro. A atividade COX-2 mais baixa foi registada no híbrido **5** (132,73±7,58) e no híbrido **11** (131,97±9,96) entre o grupo tratado com

grupo tratado, que foi quase equivalente ao grupo PC1 (126,69±8,04). Por outro lado, os híbridos **6, 7, 12** e **13** apresentaram boas actividades, enquanto a maior atividade de COX-2 foi registada nos híbridos **8** e **14**. Enquanto os compostos tratados com KBA (PC2) mostraram uma diminuição significativa na atividade da COX-2, mas não tanto quanto o grupo **tratado com** moléculas híbridas. Assim, as moléculas híbridas, embora tenham mostrado uma atividade inibidora moderada da COX-2, foram consideradas melhores do que o KBA, mostrando o efeito sinérgico.

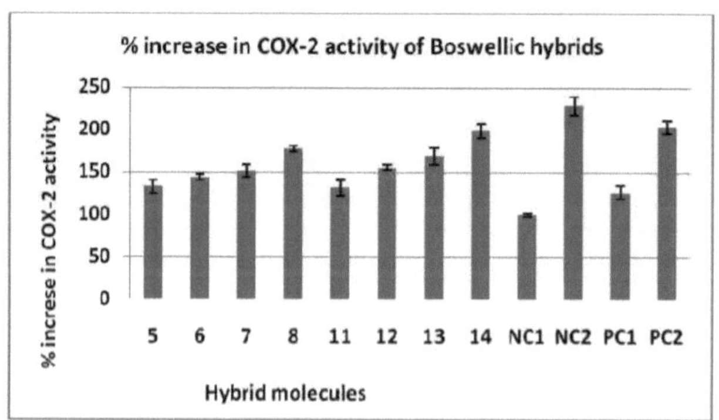

Figura 7: Atividade COX-2 **dos** híbridos boswelicos (5-8) e (11-14).

D) Atividade enzimática *in vitro* da COX-2 e da LOX

Os valores LD50 para BA, KBA, ibuprofeno, híbridos **5** e **11** na linha celular de sarcoma sinovial (**SW-982**) foram de 70,19±3,66, 81,97±2,23, 92,97±4,59, 62,65±8,87 e 40,64±0,12, respetivamente. Para avaliar a atividade enzimática, as células foram **pré-tratadas** com o composto de ensaio na respectiva dose LD50 seguida de tratamento com IL-1β.

Como se mostra na tabela 3, os híbridos **5** e **11** inibiram a atividade da LOX e da COX-2. As células tratadas com interleucina-1β que apresentavam níveis elevados de enzimas COX-2 e LOX foram consideradas como 100%. As células não tratadas serviram de controlo com menor atividade enzimática. As células pré-tratadas com **5** e **11** inibiram a atividade enzimática após o tratamento com interleucina. No entanto, **o 5** e o **11** mostraram uma melhor inibição da atividade da COX-2 do que da LOX.

Tabela 3: Atividade enzimática COX-2 e LOX *in vitro* dos híbridos **5** e **11**

Sl.No	Sample	% COX-2 activity	% LOX activity
1	[a]IL-1β	100.00	100.00
2	[b]BA+IL-1β	50.83±2.07	44.02±0.05
3	KBA+IL-1β	27.43±0.10	72.65±3.42
4	Hybrid 5 + IL-1β	30.23±0.09	65.85±1.08
5	Hybrid 11 + IL-1β	27.66±0.18	60.22±2.16
6	Control	18.20±0.99	26.05±0.27

[a] Lisado celular de células tratadas com Interleucina-1β; [b] Lisado celular obtido de células pré-tratadas com o composto de ensaio seguido de tratamento com Interleucina-1β. Cada valor representa a média ± S.D. de três resultados de ensaios diferentes em triplicado.

E) Resultados histopatológicos

A infiltração de neutrófilos é um dos principais parâmetros histológicos na avaliação do estado inflamatório, uma vez que estes leucócitos migram para o local da inflamação. Nos grupos tratados com moléculas híbridas houve uma diminuição significativa da densidade de neutrófilos infiltrados, o que é um sinal de redução da inflamação. A redução da infiltração de neutrófilos resulta na diminuição da secreção de leucotrienos, que por sua vez, são fortes quimioatraentes para os próprios neutrófilos.

As articulações do tornozelo foram utilizadas para estudos histopatológicos (fig. 8), tendo as articulações sido incluídas em blocos de parafina. Foram feitas secções de 7 μm e foi efectuada a coloração de rotina com hematoxilina e eosina (H&E). As secções coradas foram observadas ao microscópio com uma ampliação de 100X.

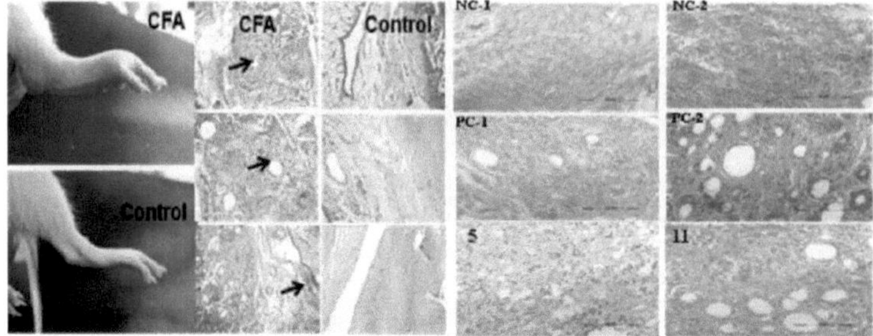

Figura 8: Histopatologia da articulação do tornozelo dos ratos de controlo e tratados com o composto, vista ao microscópio com uma ampliação de 100X.

A infiltração de neutrófilos foi maior no grupo NC-2. Registou-se uma diminuição considerável da infiltração de neutrófilos nos grupos **5** e **11** em comparação com o grupo NC-2. A redução da infiltração de neutrófilos foi maior no PC-1 e média no PC-2.

Análise estatística

Todos os valores são apresentados como médias ± DP em grupos de quatro ratos. As alterações cinéticas de cada parâmetro foram analisadas através de uma análise de variância unidirecional (ANOVA) para comparar os valores registados nos pontos temporais individuais com os do controlo (NC1). As diferenças entre o controlo e os ratos tratados com o composto foram analisadas pelo teste de Bonferroni. As diferenças foram consideradas estatisticamente significativas com $P \leq 0{\cdot}001$.

CONCLUSÃO

Sintetizou os híbridos como os ésteres metílicos do ácido beta-boswélico (**5-10**) e do ácido 11-ceto-beta-boswélico (**11-16**) com os AINEs (medicamentos anti-inflamatórios não esteróides). **Quando** submetidos a estudos anti-inflamatórios agudos através do modelo de edema da pata traseira de rato induzido por carragenina e antiartríticos crónicos através do modelo de artrite induzida pelo Adjuvante de Freund Completo (CFA) em ratos albinos Wister, os híbridos (**5, 6, 7, 8, 11, 13** e **14**) mostraram uma inibição significativa do que o composto original (KBA). Além disso, os híbridos **5, 6** e **12** apresentaram melhor atividade anti-inflamatória do que os componentes individuais. Os híbridos, quando testados quanto às suas interacções com a ciclo-oxigenase-2 (COX-2), mostraram uma maior atividade do que os seus compostos de origem. Entre os híbridos testados quanto ao seu papel na atividade anti-artrítica, os híbridos **5** e **11** (combinação de BA+Ibuprofeno e KBA+Ibuprofeno, respetivamente) diminuíram significativamente a atividade sérica da COX-2.

A partir destas experiências, pode concluir-se que os híbridos são comparáveis aos AINEs existentes na mesma dose. Assim, numa dada dosagem de molécula híbrida, a quantidade real de AINEs era metade dessa dose. Uma vez que as moléculas híbridas sintetizadas mostraram uma atividade anti-inflamatória e anti-artrítica comparável, isto dá uma esperança de reduzir os efeitos secundários dos AINEs na utilização a longo prazo em doenças inflamatórias crónicas.

Os novos híbridos de boswellato de metilo (**5-8**) e de 11-ceto boswellato de metilo (**11-14**) foram avaliados quanto à atividade anti-inflamatória através do modelo de edema da pata traseira de rato induzido por carragenina e à atividade anti-artrítica através da artrite induzida pelo Adjuvante Completo de Freund (CFA) no rato albino Wister. Foi observada uma inibição significativa do edema da pata induzido por carragenina com **5, 6** e **12**, enquanto que nos ratos induzidos por CFA, os híbridos **5, 8, 11** e **12** apresentaram uma atividade anti-artrítica pronunciada. Verificou-se que as moléculas híbridas **5** e **11** são mais eficazes na inibição da COX-2 in vivo do que o ibuprofeno por si só, mostrando assim o efeito sinérgico. As moléculas híbridas **5** e **11 foram** testadas quanto à atividade inibidora *in-vitro da* lipoxigenase e da ciclo-oxigenase-2 (LOX/COX-2). Os estudos revelaram que tanto o **5 como** o 11 inibiram a COX-2 relativamente melhor do que a enzima LOX.

BIBLIOGRAFIA

1. Muregi, F. W.; Ishih, A. *Drug Dev. Res.* **2010**, *71, 20-32.*

2. Ettmayer, P.; Amidon, G. L.; Clement, B.; Testa, B. *J. Med. Chem.* **2004**, *47*, 2393-2404.

3. Meunier, B. *Accounts Chem. Res.* **2008**, *41*, 69-77.

4. Decker, M.; Kraus, B.; Heilmann, J. *Bioorg. Med. Chem.* **2008**, *16*, 42524261.

5. Mehta, G.; Singh, V. *Chem. Soc. Rev.* **2002**, *31*, 324-334.

6. Bhandari, S. V.; Parikh, J. K.; Bothara, K. G. et al. *J. Enzyme Inhib. Med. Chem.* **2010**, *25*, 520-530.

7.   Bosquesi, P. L.; Melo, T. R. F.; Vizioli, E. O. et al. *Pharmaceutic.* **2011**, *4*, 1450-1474.

8.   Yee, E. M. H.; Pasquier, E.; Iskander, G. et al. *Bioorg. Med. Chem.* **2013**, *21*, 1652-1660.

9.   Solomon, V. R.; Hu, C.; Lee, H. *Bioorg. Med. Chem.* **2010**, *18*, 15631572.

10.   Mourad, M. A. E.; Abdel-Aziz, M.; Abuo-Rahma, G. A. et al. *Eur. J. Med. Chem.* **2012**, *54*, 907-913.

11.   Bhandari, S. V.; Bothara, K. G.; Patil, A. A. et al. *Bioorg. Med. Chem.* **2009**, *17*, 390-400.

12.   Teixeira, J.; Silva, T.; Benfeito, S. et al. *Eur. J. Med. Chem.* **2013**, *62*, 289-296.

13.   Ghogare, J. G.; Bhandari, S. V.; Bothara, K. G. et al. *Eur. J. Med. Chem.* **2010**, *45*, 857-863.

14.   Konter, J.; Mollmann, U.; Lehmann, J. *Bioorg. Med. Chem.* **2008**, *16,* 8294-8300.

15.   Ryge, T. S.; Hansen, P. R. *Bioorg. Med. Chem.* **2006**, *14*, 4444-4451.

16.   Kouznetsov, V. V.; Gomez-Barrio, A. *Eur. J. Med. Chem.* **2009**, *44,* 3091-3113.

17.   Rizzo, S.; Bartolini, M.; Ceccarini, L. et al. *Bioorg. Med. Chem.* **2010**, *18*, 1749-1760.

18.   Keri, R. S.; Quintanova, C.; Marques, S. M. et al. *Bioorg. Med. Chem.*

19.   Aminake, M. N.; Mahajan, A.; Kumar, V. et al. *Bioorg. Med. Chem.* **2012**, *20*, 5277-5289.

20.   Saadeh, H. A.; Mosleh, I. M.; Mubarak, M. S. *Molecules.* **2009**, *14*, 14831494.

21.   Newman, D. J.; Cragg, G. M. *J. Nat. Prod.* **2012**, *75*, 311-335.

22.   Gademann, K. *Int. J. Chem.* **2006**, *60*, 841-845.

23.   Suzuki, K. *Chem. Rec.* **2010**, *10*, 291-307.

24.   Adamec, J.; Beckert, R.; Weiß, D. e. al. *Bioorg. Med. Chem.* **2007**, *15*, 2898-2906.

25.   De Riccardis, F.; Izzo, I.; Di Filippo, M. et al. *Tetrahedron* **1997**, *53*, 10871-10882.

26.   Bastien, D.; Hanna, R.; Leblanc, V. et al. *Eur. J. Med. Chem.* **2013**, *64*, 442-447.

27.   Narender, T.; Madhur, G.; Jaiswal, N. et al. *Eur. J. Med. Chem.* **2013**, *63*, 162-169.

28.   Li, L.-S.; Hu, Y.-J.; Wu, Y. et al. *J. Chem. Soc., Perkin Trans. 1.* **2001**, 617-621.

29.   Leverrier, A.; Bero, J.; Frederich, M. et al. *Eur. J. Med. Chem.* **2013**, *66*, 355-363.

30.   Montoto, S.; Camos, M.; Lopez-Guillermo, A.; Bosch, F. et al. *Cancer* **2000**, *88*, 2142-2148.

31.   Morphy, R.; Rankovic, Z. *J. Med. Chem.* **2005**, *48*, 6523-6543.

32.   Grellepois, F.; Grellier, P.; Bonnet-Delpon, D.; Begue, J.-P. *Chem. Biochem.* **2005**, *6,*

648-652.

33. Mallavadhani, U. V.; Vanga, N. R.; Jeengar, M. K.; Naidu, V. G. M. *Eur. J. Med. Chem.* **2014**, *74*, 398-404.

34. Lombard, M. C.; N'Da, D. D.; Breytenbach, J. C. et al. *Bioorg. Med. Chem. Lett.* **2011**, *21*, 1683-1686.

35. Biot, C.; Pradines, B.; Sergeant, M.-H. et al. *Bioorg. Med. Chem. Lett.* **2007**, *17*, 6434-6438.

36. Ammon, H. P. T.; Safayhi, H.; Mack, T.; Sabieraj, J. *J. Ethnopharmacol.* **1993**, *38*, 113-119.

37. Safayhi, H.; Mack, T.; Sabieraj, J. et al. *J. Pharmacol. Exp. Ther.* **1992**, *261*, 1143-1146.

38. Ammon, H. P. T. *Planta Med.* **2006**, *72*, 1100-1116.

39. Gayathri, B.; Manjula, N.; Vinaykumar, K. S. *Int. Immunopharmacol.* **2007**, *7*, 473-482.

40. Abdel-Tawab, M.; Werz, O.; Schuber, M. *Clin. Pharmacokinet.* **2011**, *50*, 349-369.

41. Lipsky, P. E. *Am. J. Med.* **2001**, *110 Suppl 3A*, 1S-2S.

42. Yamada, T.; Deitch, E.; Specian, R. D. et al. *Inflammation.* **1993**, *17*, 641662.

43. Vane, J. R. *Inflamm. Res.* **1998**, *47*, S77.

44. Katori, M. *Inflamm. Res.* **1998**, *47*, 117-121.

45. Santos, J.; Moreira, V.; Campos, M. et al. *Int. J. Mol. Sci.* **2012**, *13*, 15305-15320.

46. Pardhy, R. S.; Bhattacharyya, S. C. *Indian J. Chem.* **1978**, *16B*, 174-175.

47. Pardhy, R. S.; Bhattacharyya, S. C. *Indian J. Chem.* **1978**, *16B*, 176-178.

48. B. Meunier, Acc. Chem. Res. **2008,** *41*, 69-77.

49. A. Bisi, A. Rampa, R. Budriesi, S. Gobbi, F. Belluti, P. Ioan, et al., Bioorg. Med. Chem. **2003**, *11*, 1353-1361.

50. D. Schellenberg, S. Abdulla, C. Roper, *Curr. Mol. Med.* **2006**, *6, 253* 260.

51. M. Decker, B. Kraus, J. Heilmann, *Bioorg. Med. Chem.* **2008**, *16*, 4252426.

52. F.W. Muregi, A. Ishih, *Drug Dev. Res.* **2010**, *71*, 20-32.

53. E.M.H. Yee, E. Pasquier, G. Iskander, K. Wood, D.S. Black, N. Kumar, *Bioorg. Med. Chem.* **2013**, *21*, 1652-1660.

54. S. Rizzo, M. Bartolini, L. Ceccarini, L. Piazzi, S. Gobbi, A. Cavalli, et al., *Bioorg. Med. Chem.* **2010**, 18, 1749-1760.

55. J.G. Ghogare, S.V. Bhandari, K.G. Bothara, A.R. Madgulkar, G.A. Parashar, B.G. Sonawane, et al., Eur. J. Med. Chem. **2010**, *45*, 857-863.

56. P. Ettmayer, G.L. Amidon, B. Clement, B. Testa, *J. Med. Chem.* 2004, *47* , 2393-2404.

57. P.L. Bosquesi, T.R.F. Melo, E.O. Vizioli, J.L. dos Santos, M.C. Chung, *Pharmaceuticals.* **2011**, *4* , 1450-1474.

58. G. Melagraki, A. Afantitis, O. Igglessi-Markopoulou, A. Detsi, M. Koufaki, C. Kontogiorgis, et al., *Eur. J. Med. Chem.***2009,** *44*, 3020-3026.

59. K.R.A. Abdellatif, M.A. Chowdhury, Y. Dong, D. Das, G. Yu, C.A. Velazquez, et al., *Bioorg. Med. Chem. Lett.* **2009**, *19*, 3014-3018.

60. S. Shenvi, G.C. Reddy, *Chem. Nat. Compd.* **2013**, *48*, 1008-1012.

61. S. Shenvi, K. Rijesh, L. Diwakar, G.C. Reddy, *Phytochem. Lett.***2014**, 7, 114-119.

62. Shenvi, S.; Reddy, G. C. *Chem. Nat. Compd.* **2013**, *48*, 1008-1012.

63. Di Rosa, M. *J. Pharm. Pharmacol.* **1972**, *24*, 89-102.

64. Hur, C.; Chan, A. T.; Tramontano, A. C.; Gazelle, G. S. *Ann. Pharmacother.* **2006**, *40*, 1052-1063.

65. Winter, C. A.; Risley, E. A.; Nuss, G. W. *Proc. Soc. Exp. Biol. Med.* **1962**, *111, 544-547.*

66 *. Singh, S.; Khajuria, A.; Taneja, S. C. et al. Bioorg. Med. Chem. Lett.* **2007***, 17, 3706-3711.*

67. *Mishra, N. K.; Bstia, S.; Mishra, G. et al. J. Pharm. Educ. Res.* **2011***, 2, 92 - 98.*

68. *Turini, M. E.; DuBois, R. N. Annu. Rev. Med.* **2002***, 53, 35-57.*

69. *Nair, V. Indian J. Med. Res.* **2011***, 134, 384-388.*

70. *Gierse, J.; Nickols, M.; Leahy, K. et al. Eur. J. Pharmacol.* **2008***, 588, 9398.*

71. *Chandrasekharan, N. V.; Dai, H.; Roos, K. L. T. et al. Proceed. Nat. Acad. Sci.* **2002***, 99, 13926-13931.*

72. *Dannhardt, G.; Kiefer, W. Eur. J. Med. Chem.* **2001***, 36, 109-126.*

73 *. Chen, Y.-F.; Jobanputra, P.; Barton, P. et al. Heal. Technol. Assess. Winch. Engl.* **2008***, 12, 1-278.*

3. OXIDAÇÃO ALÍLICA: CONVERSÃO EM MAIS ÁCIDO ACETIL CETO BOSWELICO ACTIVO (AKBA)

As reacções de oxidação alílica são importantes do ponto de vista industrial devido à sua grande variedade de aplicações na síntese de produtos farmacêuticos e de química fina.[1] Geralmente, os reagentes oxidantes à base de crómio (VI), tais como o complexo CrO3-piridina.[2,3] CrO3 e 3,5-dimetilpirazol,[4] cloro-cromato de piridínio (PCC),[5,6] PDC-hidroperóxido de *t-butilo*,[7] dicromato de piridínio (PDC),[8] cromato de sódio, dicromato de sódio,[9] dicromato de sódio em ácido acético,[10] flurocromato de piridínio (VI),[11] flurocromato de 3,5-dimetilpirazólio (VI)[12] e a combinação de imidas de ácido N-hidroxicarboxílico com um oxidante que contenha crómio foram geralmente utilizados para efetuar oxidações alilicas.[13, 14] Por outro lado, alguns reagentes oxidantes estequiométricos como MnO2, KMnO4, SeO2, Os (VI), N-metilmorfolina-N-óxido (NMO) ou ferros (III), OsO4, TEMPO, etc. são também utilizados para o processo de oxidação.[15-18] Jauch e Bergmann referiram que a NBS com CaCO3 funciona bem com tempos de reação mais longos.[19] Devido às preocupações ambientais dos últimos anos, o peróxido de *t-butil-hidróxido* (TBHP) tornou-se o oxidante de eleição para a oxidação alílica de compostos esteróides e naturais.[20, 21] Foi referido que o TBHP tem de ser catalisado ou promovido por qualquer um dos reagentes, como clorito de sódio,[22, 13] crómio (VI),[2325] acetato de manganês (III),[26] sais de bismuto (III),[27, 28] iodeto de cobre,[29] acetato de cobalto,[30] cloreto de ruténio (II),[31] caprolactamato de diruténio,[32, 33] RuCl2(PPh3)3,[34-36] sais cuprosos[37] e paládio[38] para a sua atividade oxidante, como na figura 1.

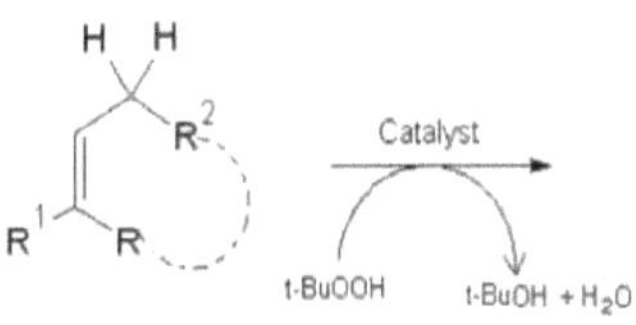

Figura 1: Oxidação alílica com peróxido de t-butilo.

Os compostos naturais, como a química esteroidal α, β-enona, um metabolito da hormona mais abundante do corpo humano, a dehidroepiandrosterona (DHEA), podem ser convertidos em 7-oxo dehidroepiandrosterona (7-oxo DHEA). Trata-se de uma oxidação alílica quimiosselectiva na presença de um grupo hidroxilo secundário, utilizando uma variedade de oxidantes metálicos como o crómio, o cobre, o cobalto, o ruténio, o bismuto, o magnésio, o sódio, o ferro, etc.[39] Ao mesmo tempo, estes oxidantes metálicos são utilizados como co-oxidantes juntamente com o TBHP.[13] Alguns deles são o BiCl3/TBHP,[27,28] Fe(acac)3/NHPI,[37,40] NaOCl2/TBHP,[13] NaClO2/NHPI/TBHP,[22] Cr^{VI} (Cat)/TBHP,[1] CrO3/NHPI,[41] CO(OAc)2/TBHP,[30] Mo(CO)6/NHPI[42] oxidação alílica catalisada a de Δ^5 -steróis para obter 7- ceto- Δ^5 -steróis. Todos estes agentes oxidantes são suaves, eficazes, regiosselectivos, quimiosselectivos (compatíveis com o grupo funcional) para a oxidação alílica de alcenos simples e complexos.[43] ***Ácido 3-O-acetil-11-ceto-bosswellico (AKBA) e sua importância biológica***

A partir da goma de *Boswellia serrata, foram isolados* e identificados, principalmente, 4 ácidos boswelicos e ácidos tirucálicos por Pardhy e Bhattacharyya.[44, 45] O AKBA é biologicamente o componente mais ativo entre os seus congéneres, mas a percentagem de AKBA na goma *serrata* é de cerca de (1-3%). A utilização de toda a mistura de ácidos e a conversão da mistura num componente biologicamente ativo é um tópico de investigação.[19] Alexander et al.[46] e Raju et al.[47] desenvolveram um processo para produzir uma fração enriquecida até 100 % de AKBA a partir de um extrato que contém uma mistura de ácidos boswelicos, mas os rendimentos não são encorajadores e os reagentes não são amigos do ambiente.

O AKBA foi o mais potente dos ácidos boswelicos, sendo capaz de inibir a 5- LOX com um IC_{50} de~1,5µM. O AKBA actua por um mecanismo único, ligando-se à 5- LOX de uma forma dependente do cálcio e reversível.[48-50] O AKBA inibe a sua atividade como um regulador alostérico e não como um inibidor do tipo redox.[51, 52] O sistema de anéis pentacíclicos foi referido como crucial para a ligação à enzima, uma cetofunção em C-11, como o AKBA, é capaz de inibir a atividade da 5-LOX.[53] O AKBA é o BA mais estudado e o inibidor mais potente da topoisomarase I e II α em comparação com a camptoteína e a etopasida.[54-57] Os AKBA interferem diretamente com a COX-1 e medeiam as suas acções anti-inflamatórias não só pela supressão das lipoxigenases, mas também pela inibição das ciclooxigenases.[58] O AKBA impede o crescimento do carcinoma gástrico humano através da modulação da via de sinalização da Wntfβ-catenina.[59] Também inibe o crescimento do tumor da próstata através da supressão da enzima do fator de crescimento endotelial vascular que pode ser relevante para a carcinogénese do cólon e do HePG2. [60-63] O AKBA e a sua forma solúvel em água de complexo de ciclodextrina actuam nas células de cancro da próstata PC-3 e LNCaP, revelando os seus efeitos antiproliferativos e apoptóticos.[64] O AKBA mostrou um efeito inibitório nas células do pâncreas, da leucemia, do mieloma, do rim e do cancro da mama por diferentes vias.[65] Potencia igualmente a apoptose suprimindo a expressão do gene NF-κB nas células malignas do glioma e do cancro do cólon. [66-69] Mostra eficácia na encefalite autoimune devido à libertação de leucotrienos. [70, 71] O composto puro apresenta uma propriedade anti-inflamatória nas células mononucleares do sangue periférico humano (PBMC) através da inibição do fator de necrose tumoral alfa (TNF-alfa), da interleucina-1 beta (IL-1β) e das proteínas quinases activadas por mitogénios (MAP).[72] É citotóxico para as células do meningioma e inibe a fosforilação da quinase regulada por sinal 1 e 2. [73] O AKBA também foi encontrado como agente anti-angiogénico que inibe o fator básico de crescimento de fibroblastos (bFGF).[74]

IMPORTÂNCIA DO PRESENTE TRABALHO

Os ácidos β-boswelicos da *Boswellia serrata* são conhecidos pela sua atividade contra as 5-lipoxigenases. A conversão de todos os 4 componentes num dos ingredientes mais activos, o AKBA, seria o ideal. Concentrámos a nossa atenção em acrescentar valor ao produto natural isolado existente. A ideia de converter a mistura de ácidos β-boswelicos nos seus derivados acetilados seguida de oxidação alílica para finalmente obter exclusivamente AKBA, daí a necessidade de converter todos os ácidos β-boswelicos em 11 compostos ceto. Introdução do grupo ceto na posição alílica do ácido 3-acetoxi-urs-12eno-24β-óico (ABA) na presença de um grupo 3α-acetil sensível, convertendo-se assim em ácido 3-acetoxi-urs- 12eno-11-oxo-24β-óico (AKBA) realizado com vários agentes oxidantes catalíticos e optimizando os melhores. Entre eles, o clorito de sódio com N-hidroxiftalimida e o acetato de manganês (III) com peróxido de hidrocarboneto de t-butilo foram considerados bons reagentes, mostrando uma excelente conversão com compatibilidade de grupos funcionais.

RESULTADOS E DISCUSSÃO

O isolamento do ácido β-boswélico (BA, **1**), do ácido 11-ceto-β-boswélico (KBA, **2**), do ácido 3- O-acetil-β-boswélico (ABA, **3**) e do ácido 3-O-acetil-11-ceto-β-boswélico (AKBA, **4**), juntamente com o ácido tirucálico, foi descrito.Estas misturas de ácidos foram tratadas com anidrido acético na presença de piridina para converter todo o grupo hidroxilo em grupo acetilo e obter principalmente ABA e AKBA (esquema 1). Assim, isolámos ambos os compostos naturais na sua forma pura e enriquecida, utilizando cromatografia em coluna.

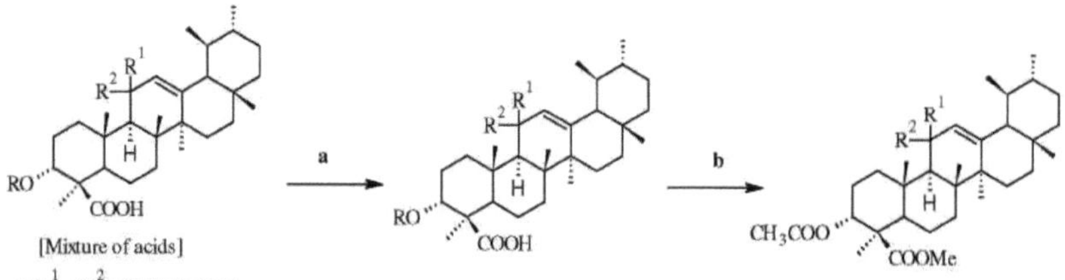

[Mixture of acids]

1: $R^1 = R^2 = H$, R=H (BA)
2: $R^1 = R^2 = O$, R=H (KBA)
3: $R^1 = R^2 = H$, $R=COCH_3$ (ABA)
4: $R^1 = R^2 = O$, $R=COCH_3$ (AKBA)

3: $R^1 = R^2 = H$, $R=COCH_3$ (ABA)
4: $R^1 = R^2 = O$, $R=COCH_3$ (AKBA)

5: $R^1 = R^2 = H$, R=H (MABA)
6: $R^1 = R^2 = O$, R=H (MAKBA)

Esquema 1: Acetilação e metilação dos ácidos boswelicos

Reagentes e condições: a) $(CH_3CO)_2O$ /Piridina à temperatura ambiente; b) K_2CO_3/ DMF / DMS a 80°C durante 6h.

Além disso, a massa com compostos acetilados (ABA e AKBA) foi tratada com K2CO3 em DMF e DMS a cerca de 80°C durante 6 horas para obter éster metílico do ácido 3-O-acetil-β-boswellico (MABA) e éster metílico do ácido 3-O-acetil-11-ceto-β- boswellico (MAKBA).

Inicialmente, tentou-se a oxidação do éster metílico do ácido 3-O-acetil-β-boswélico (MABA) com diferentes reagentes (tabela 1), em diferentes condições experimentais, para obter o éster metílico do ácido 3-O-acetil-11-ceto-β-boswélico (MAKBA), como no esquema 2. Entre eles, o clorito de sódio ($NaClO_2$) com N- hidroxiftalimida (NHPI) e o acetato de manganês (III) ($Mn(OAc)_3$) com t-butil-hidroperóxido (TBHP) foram considerados bons reagentes, apresentando uma excelente conversão (100 %) à temperatura ambiente. O efeito do meio solvente nos tempos de reação também foi estudado. Por exemplo, o reagente NaClO2 + NHPI funciona bem em meios solventes de CH_3CN:H_2O (2:1) e CH_2Cl_2:H_2O (3:1) com um tempo de reação mais curto e à temperatura ambiente. Além disso, estes agentes oxidantes estão mostram uma compatibilidade muito boa com o grupo acetilo presente na posição 3rd do triterpenóide de origem e não formam quaisquer produtos secundários.

Esquema 2 : Oxidação alílica do MABA em MAKBA e do ABA em AKBA

Tabela 1: Oxidação alílica do MABA com diferentes reagentes.

Entry	Reagents	Solvent ratio	Temp	Time/h	*Reaction conversion %
1	NBS+CaCO$_3$	Dioxane+H$_2$O	25-30°C	12-14	100
2	NBS+MnO$_{2(active)}$	Dioxane	25-30°C	12-14	100
3	Mn(OAc)$_3$.2H$_2$O+TBHP	EtOAc	25-30°C	11-12	100
4	Mn(OAc)$_3$.2H$_2$O+TBHP	EtOAc	2-5°C	24	90
5	Mn(OAc)$_3$.2H$_2$O+TBHP	EtOAc	50°C	7-8	100
6	Mn(OAc)$_3$.2H$_2$O+NaClO$_2$	EtOAc	25-30°C	12	90
7	NaClO$_2$+NHPI	EtOAc+H$_2$O (3:1)	50°C	5-6	100
8	NaClO$_2$+NHPI	DCM+H$_2$O (3:1)	25-30°C	6-7	100
9	NaClO$_2$+NHPI	Dioxane+H$_2$O (3:1)	50°C	5-6	100
10	NaClO$_2$+NHPI	CH$_3$CN+ H$_2$O (2:1)	50°C	3-4	100
11	NaClO$_2$+NHPI	THF	50°C	8-9	60(impurity)
12	NaClO$_2$+BHT	EtOAc+H$_2$O	50°C	10-11	95
13	Iodobenzene	Dioxane	50-60°C	12-13	10-15

14	Iodobenzene+NaClO$_2$	EtOAc	50-60°C	12-13	70-80
15	TBHP	EtOAc	50-60°C	12-13	No reaction
16	TBHP+NaClO$_2$	EtOAc	50-60°C	12-13	70
17	NMO+OsO$_4$+TEAA	Acetone+H$_2$O	25-30°C	12-13	No reaction
18	BiCl$_3$+TBHP+K-10	CH$_3$CN	25-30°C	12-13	40-45
19	CrO$_3$+TBHP	CH$_2$Cl$_2$	25-30°C	10-11	90(impurity)
20	MnO$_{2(active)}$	Dioxane	25-30°C	24-25	50
21	SeO$_2$+H$_2$O$_2$	t-BuOH+H$_2$O	45-50°C	5-6	No reaction

Reaction*: Monitored by HPLC

O segundo conjunto de experiências (tabela 2) foi efectuado com o ácido 3-O-acetil-β-boswellico (**3**), que ocorre naturalmente, para o converter em AKBA (**4**, como no esquema 3), utilizando alguns dos reagentes oxidantes mais promissores acima mencionados para ver como estes reagentes se comportam na presença do grupo ácido livre que ocorre naturalmente. Mais uma vez, os resultados são idênticos aos que observámos com o éster metílico do ABA, concluindo assim que estes agentes oxidantes são amigos do ambiente, comparativamente menos dispendiosos e industrialmente viáveis.

Tabela 2: Oxidação alílica do ácido 3-O-acetil-β-boswellico (III) com diferentes reagentes

Entry	Reagents	Solvent ratio	Temp	Time/h	*Reaction conversion %	Isolated% yield
1	Mn(OAc)$_3$.2H$_2$O+TBHP	EtOAc	50°C	7-8	100	96
2	NaClO$_2$+NHPI	CH$_3$CN+H$_2$O (2:1)	50°C	3-4	100	91
3	NaClO$_2$+BHT	EtOAc+ H$_2$O (2:1)	50°C	10-11	95	84
4	NBS+MnO$_{2(active)}$	Dioxane	25-30°C	12-14	100	88

*Reação: Monitorizada por HPLC

De entre todos os reagentes, verificou-se que o acetato de manganês (III) [Mn (OAc)$_3$] com hidroperóxido de t-butilo (TBHP) e o clorito de sódio (NaClO2) com N- hidroxiftalimida (NHPI) foram considerados bons, apresentando uma excelente conversão (100%). O mecanismo proposto é o seguinte.

O acetato de manganês (III) como catalisador e o TBHP como co-oxidante para a oxidação alílica suave, eficiente, regiosselectiva e quimiosselectiva (compatível com o grupo funcional) do alceno.[26]

O Mn (III) é instável e estável, que se desproporciona facilmente ao Mn (II) e ao Mn (IV) em meio aquoso. O acetato de Mn (III) tem uma estrutura trinuclear, pelo que o estado de Mn (III) pode ser estabilizado e o radical acetato reativo é uma fonte bem conhecida para a acetilação. A partir da litragem na reação, após um intervalo de tempo, o pH da reação desce para cerca de 4, o que indica que uma unidade de acetato no $Mn_3O(OAc)_9$ foi deslocada pela molécula de TBHP para dar ácido acético in situ. Este é o responsável pela acidez da reação. Quando o actete de manganês (III) é adicionado a uma solução de TBHP, a espécie ativa é o $t\text{-}BuOOMn_3O(OAc)_8$ gerado. A formação de radicais t-butoxi e t-butil peroxi é consistente com a natureza radicalar da reação. A partir do esquema (4), que envolve a abstração selectiva de hidrogénio alílico para gerar o radical alilo, a transferência do ligando t-butil peróxi do centro metálico para o radical alilo e a clivagem promovida por ácido do éter t-butil peróxi para a enona correspondente.[26]

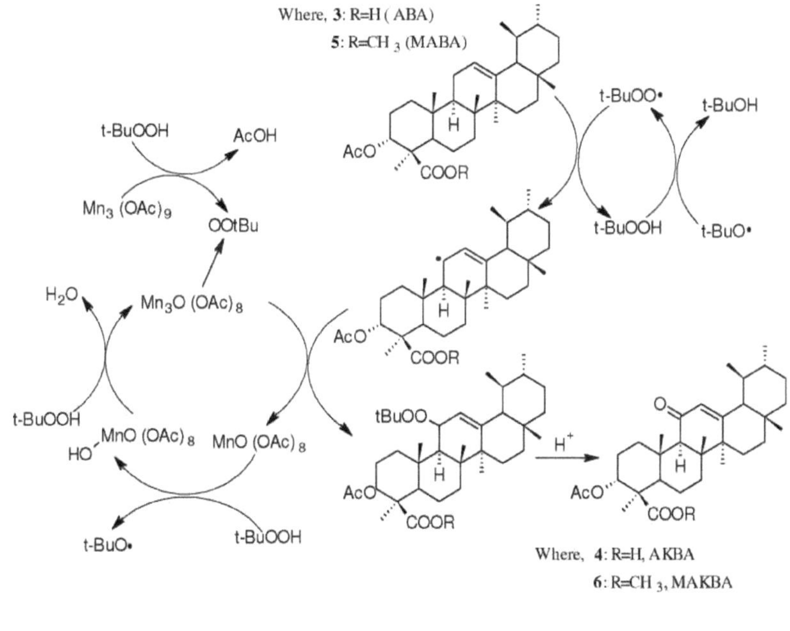

Esquema 4: Mecanismo do ciclo catalítico da oxidação alílica catalisada por acetato de

manganês (III).

Sabe-se que o NHPI é um catalisador radicalar, mediando várias reacções de oxidação por O_2 através da formação do intermediário radical N-oxilo da ftalimida (PINO). Este catalisador é normalmente associado a iniciadores de radicais livres metálicos ou orgânicos para realizar reacções de oxidação utilizando O_2 como oxidante. A revisão da literatura refere que esta reação não foi catalisada por iões metálicos e não ocorreu utilizando apenas $NaClO_2$ ou catalisador NHPI. No entanto, o radical ClO_2 foi gerado pelo aquecimento de $NaClO_2$ a 50°C, que deve reagir com NHPI levando à formação do radical PINO. Este intermediário reativo pode abstrair hidrogénios alílicos originando o radical olefina, que por sua vez é oxidado através de um mecanismo de cadeia radicalar para a enona correspondente (esquema 5).

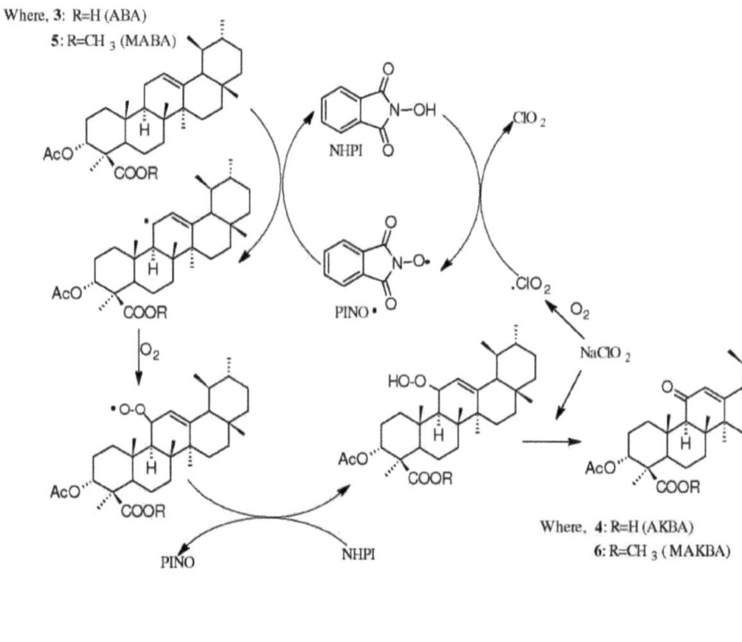

Esquema 5: Mecanismo de oxidação alílica utilizando NaClO2 e NHPI.

CONCLUSÃO

Entre os vários agentes oxidantes tentados para converter o ácido 3-O-acetil-β-boswellico (**3**) de ocorrência natural em AKBA (**4**), verificou-se que o clorito de sódio (NaClO2) com N-hidroxiftalimida (NHPI) e o acetato de manganês (III) (Mn(OAc)3) com hidroperóxido de t-butilo (TBHP) foram considerados bons, mostrando uma excelente conversão (100%). O efeito do meio solvente nos tempos de reação é claramente demonstrado. Assim, pode concluir-se que estes agentes oxidantes são amigos do ambiente, comparativamente menos dispendiosos e industrialmente viáveis. Os ácidos β-boswelicos da *Boswellia serrata* são conhecidos pela sua atividade contra 5 lipoxigenases. Entre eles, o AKBA é biologicamente mais importante e daí a necessidade de converter todos os ácidos β-boswelicos em compostos 11-oxo.

A introdução do grupo oxo na posição alílica do ABA na presença de um grupo 3α-acetilo sensível, convertendo-o assim em AKBA, foi experimentada com vários agentes oxidantes catalíticos. Entre eles, o clorito de sódio com N-hidroxiftalimida e o acetato de manganês (III) com peróxido de hidrocarboneto de t-butilo foram considerados bons reagentes, mostrando uma excelente conversão com compatibilidade de grupos funcionais.

BIBLIOGRAFIA

1. Muzart, J. *Mini-Rev. Org. Chem.* **2009**, *6*, 9-20.
2. Dauben, W. G.; Lorber, M. E.; Fullerton, D. S. *J. Org. Chem.* **1969**, *34*, 3587-3592.
3. Fullerton, D. S.; Chen, C.-M. *Synth. Commun.* **1976**, *6*, 217-220.
4. Salmond, W. G.; Barta, M. A.; Havens, J. L. *J. Org. Chem.* **1978**, *43*, 2057-2059.
5. Parish, E. J.; Chitrakorn, S.; Wei, T.-Y. *Synth. Commun.* **1986**, *16*, 13711375.
6. Parish, E. J.; Kizito, S. A.; Heidepriem, R. W. *Synth. Commun.* **1993**, *23*, 223-230.
7. Chidambaram, N.; Chandrasekaran, S. *J. Org. Chem.* **1987**, *52*, 50485051.
8. Parish, E. J.; Wei, T.-Y. *Synth. Commun.* **1987**, *17*, 1227-1233.
9. Marshall, C. W.; Ray, R. E.; Laos, I.; Riegel, B. *J. Am. Chem. Soc.* **1957**, *79*, 6308-6313.
10. Amann, A.; Ourisson, G.; Luu, B. *Synth.* **1987**, *1987*, 1002-1005.

11. Parish, E. J.; Li, S. *J. Org. Chem.* **1996**, *61*, 5665-5666.

12 . Bora, U.; Chaudhuri, M. K.; Dey, D. et al. *Tetrahedron* **2001**, *57*, 24452448.

13. Marwah, P.; Marwah, A.; Lardy, H. A. *Green Chem.* **2004**, *6*, 570-577.

14. Liu, J.; Zhu, H.-Y.; Cheng, X.-H. *Synth. Commun.* **2009**, *39*, 1076-1083.

15. Balagam, B.; Mitra, R.; Richardson, D. E. *Tetrahedron Lett.* **2008**, *49*, 1071-1075.

16. Hoover, J. M.; Steves, J. E.; Stahl, S. S. *Nat. Protoc.* **2012**, *7*, 1161-1166.

17. Riley, H. L.; Morley, J. F.; Friend, N. A. C. *J. Chem. Soc.* **1932**, 18751883.

18. Patel, R. M.; Puranik, V. G.; Argade, N. P. *Org. Biomol. Chem.* **2011**, *9*, 6312-6322.

19. Jauch, J.; Bergmann, J. *Eur. J. Org. Chem.* **2003**, *2003*, 4752-4756.

20. Parish, E. J.; Kizito, S. A.; Qiu, Z. *Lipids* **2004**, *39*, 801-804.

21. Marwah, P.; Lardy, H. A. Patente nº US 5869709 **1997**.

22. Silvestre, S. M.; Salvador, J. A. R. *Tetrahedron.* **2007**, *63*, 2439-2445.

23. Boitsov, S.; Songstad, J.; Muzart, J. *J. Chem. Soc., Perkin Trans. 2.* **2001**, 2318-2323.

24. Muzart, J. *Tetrahedron Lett.* **1987**, *28*, 4665-4668.

25. Muzart, J.; Piva, O. *Tetrahedron Lett.* **1988**, *29*, 2321-2324.

26. Shing, T. K. M.; Yeung; Su, P. L. *Org. Lett.* **2006**, *8*, 3149-3151.

27. Salvador, J. A. R.; Silvestre, S. M. *Tetrahedron Lett.* **2005**, *46*, 2581-2584.

28. Bothwell, J. M.; Krabbe, S. W.; Mohan, R. S. *Chem. Soc. Rev.* **2011**, *40*, 4649-4707.

29. Salvador, J. A. R.; Sae Melo, M. L.; Campos Neves, A. S. *Tetrahedron Lett.* **1997**, *38*, 119-122.

30. Salvador, J. A. R.; Clark, J. H. *Green Chem.* **2002**, *4*, 352-356.

31. Miller, R. A.; Li, W.; Humphrey, G. R. *Tetrahedron Lett.* **1996**, *37*, 34293432.

32. Catino, A. J.; Forslund, R. E.; Doyle, M. P. *J. Am. Chem. Soc.* **2004**, *126*, 13622-13623.

33. Choi, H.; Doyle, M. P. *Org. Lett.* **2007**, *9*, 5349-5352.

34. Murahashi, S.; Naota, T.; Hirai, N. *J. Org. Chem.* **1993**, *58,* 7318-7319.

35. Murahashi, S.-I.; Komiya, N.; Oda, Y.; Kuwabara, T. *J. Org. Chem.* **2000**, *65*, 9186-9193.

36. Murahashi, S.-I.; Oda, Y.; Komiya, N.; Naota, T. *Tetrahedron Lett.* **1994**, *35*, 7953-7956.

37. Kimura, M.; Muto, T. *Chem. Pharma. Bull.* **1979**, *27*, 109-112.

38. Moiseev, I. I.; Vargaftik, M. N. *Coord. Chem. Rev.* **2004**, *248*, 2381-2391.

39. Miller, Ross A.; Thompson, Andrew S.; Bakshi, Raman K.; Corley, Edward G. *Patente 6369247*.

40. Kimura, M.; Muto, T. *Chem. Pharm. Bull.* **1980**, *28*, 1836-1841.

41. Fousteris, M. A.; Koutsourea, A. I.; Nikolaropoulos, S. S. et al. *J. Mol. Catal. Chem.* **2006**, *250*, 70-74.

42. Kimura, M.; Muto, T. *Chem. Pharm. Bull. (Tóquio)* **1981**, *29*, 35-42.

43. Salvador, J. A. R.; Silvestre, S. M.; Moreira, V. M. *Curr. Org. Chem.* **2006**, *10*, 2227-2257.

44. Pardhy, R. S.; Bhattacharyya, S. C. *Indian J. Chem.* **1978**, *16B*, 176-178.

45. Pardhy, R. S.; Bhattacharyya, S. C. *Indian J. Chem.* **1978**, *16B*, 174-175.

46. Alexander, D.; Seligson, A. L.; Sovak, M.; Terry, R. C. Patente nº WO2003077860 A3 **2004**.

47. Gokaraju, G.; Gokaraju, R.; Golakoti, T.; Gottumukkala, V.; Pratha, S. Patente n.o US20040073060 A1 **2004**.

48. Ammon, H. P. T.; Safayhi, H.; Mack, T.; Sabieraj, J. *J. Ethnopharmacol.* **1993**, *38*, 113-119.

49 . Safayhi, H.; Mack, T.; Sabieraj, J. et al. *J. Pharmacol. Exp. Ther.* **1992**, *261*, 1143-1146.

50. Safayhi, H.; Sailer, E. R.; Ammon, H. P. *Mol. Pharmacol.* **1995**, *47*, 12121216.

51. Winking, M.; Sarikaya, S. *J. Neurooncol.* **2000**, *46*, 97-103.

52. Liu, X.; Qi, Z. H. *Hunan Yi Ke Da Xue Xue Bao* **2000**, *25, 241-244.*

53 . Sailer, E. R.; Subramanian, L. R.; Rall, B. et al. *Br. J. Pharmacol.* **1996**, *117*, 615-618.

54. Hoernlein, R. F.; Orlikowsky, T.; Zehrer, C. et al. *J. Pharmacol. Exp. Ther.* **1999**, *288*, 613-619.

55. Fletcher, T. L.; Buchele, B.; Gedig, E.; Slupsky, J. R. *Mol. Pharmacol.* **2000**, *58*, 71-81.

56. Liu, J.-J.; Toy, W. C.; Liu, S. et al. *Biochem. Biophys. Res. Commun.* **2013**, *431*, 192-196.

57. Kapil, A.; Moza, N. *Int. J. Immunopharmacol.* **1992**, *14*, 1139-1143.

58   . Siemoneit, U.; Hofmann, B.; Kather, N. et al. *Biochem. Pharmacol.* **2008**, *75*, 503-513.

59. Zhang, Y.-S.; Xie, J.-Z.; Zhong, J.-L. et al. *Biochim. Biophys. Ata* **2013**, *1830*, 3604-3615.

60. Pang, X.; Yi, Z.; Zhang, X. et al. *Cancer Res.* **2009**, *69*, 5893-5900.

61. Zhang, Y.; Duan, R.-D. *Lipids Health Dis.* **2009**, *8*, 51-58.

62. Liu, J.-J.; Nilsson, A.; Oredsson, S. *Carcinogenesis.* **2002**, *23*, 2087-2093.

63. Liu, J.-J.; Nilsson, A.; Oredsson, S.; Badmaev, V. *Int. J. Mol. Med.* **2002**, *10*, 501-505.

64. Yuan, H.-Q.; Kong, F.; Wang, X.-L. et al. *Biochem. Pharmacol.* **2008**, *75*, 2112-2121.

65. Park, B.; Sung, B.; Yadav, V. R. et al. *Int. J. Cancer* **2011**, *129*, 23-33.

66. Syrovets, T.; Gschwend, J. E.; Buchele, B. et al. *J. Biol. Chem.* **2005**, *280*, 6170-6180.

67. Shao, Y.; Ho, C.-T.; Chin, C.-K. et al. *Planta Med.* **2007**, *64*, 328-331.

68. Csuk, R.; Schwarz, S.; Kluge, R.; Strohl, D. *Eur. J. Med. Chem.* **2010**, *45*, 5718-5723.

69. Liu, J.-J.; Huang, B.; Hooi, S. C. *Br. J. Pharmacol.* **2006**, *148*, 1099-1107.

70. Harvey, R. F.; Bradshaw, J. M. *The Lancet.* **1980**, *315*, 514.

71. Ammon, H. P.; Mack, T.; Singh, G. B.; Safayhi, H. *Planta Med.* **1991**, *57*, 203-207.

72. Gayathri, B.; Manjula, N.; Vinaykumar, K. S. *Int. Immunopharmacol.* **2007**, *7*, 473-482.

73. Park, Y. S.; Lee, J. H.; Harwalkar, J. A. et al. *Adv. Exp. Med. Biol.* **2002**, *507*, 387-393.

74. Singh, S. K.; Bhusari, S.; Singh, R. et al. *Vascul. Pharmacol.* **2007**, *46*, 333-337.

CAPÍTULO 4

4. AUMENTO DA ACTIVIDADE ANTI-INFLAMATÓRIA DE NANO PARTÍCULAS DE ÁCIDO BOSWELLICO - UM ESTUDO IN VIVO

ESTUDO

Nanopartículas de ácidos boswelicos : Os triterpinoides, uma classe importante de compostos naturais, são biológica e farmacologicamente activos, mostrando efeitos contra a artrite reumatoide, a colite crónica, a colite ulcerosa, as alergias cutâneas, o edema cerebral peritumoral, a osteoartrite e a inflamação. A resina de oleo goma de *Boswellia serrata* Roxb. (Burseraceae) é uma mistura complexa que contém uma série de mono, -sesqui, -di e triterpenóides.[1, 2] Para além da atividade anti-inflamatória, a investigação *in vitro* e *in vivo demonstrou* que o extrato de espécies de boswellia exerce uma atividade anticarcinogénica, antiproliferativa, antitumoral, apoptótica e citostática.[3] (Singh et al., 1996). Os ácidos boswelicos têm uma biodisponibilidade fraca que não permite explorar ao máximo a sua atividade.[4] Estudos farmacocinéticos preliminares encontraram apenas concentrações muito baixas de KBA (ácido 11-ceto boswélico) no plasma humano após a administração oral de extrato de *B. serrata*, variando de $0,17\mu$ M após a administração de uma dose única de 786 mg,[5] a 1.6μ *M após a ingestão* de 1600 mg[6] a 2,7 μ M após a ingestão de 333 mg[7] AKBA (Acetyl-11-Keto Boswellic Acid), o BA mais potente, foi determinado a uma concentração de 0,1 μ M após uma administração de dose múltipla de 786 mg de extrato de *B. serrata*.[8] No estudo farmacocinético efectuado por Sharma et al.[7] AKBA não foi detectado no plasma, possivelmente devido à desacetilação de AKBA para KBA *in vivo*. Em ratos que receberam 240 mg/kg de extrato de *B. serrata*, os níveis plasmáticos de KBA e AKBA foram determinados como sendo de 0,4 e $0,2$ µM, respetivamente, ao passo que atingiram concentrações de 0,3 μM no cérebro (correspondendo a 99 e 95 ng de KBA e AKBA por g de cérebro, respetivamente).[9] Os estudos acima mencionados sugerem claramente um potencial substancial dos BAs para o tratamento de doenças inflamatórias e de doenças malignas do sistema nervoso central, se for possível atingir concentrações sistémicas suficientes. Entre os muitos factores que afectam a biodisponibilidade, a má absorção e/ou o metabolismo extenso podem desempenhar um papel crucial na limitação da disponibilidade sistémica dos BAs.

Os sistemas de administração controlada de medicamentos (DDS) apresentam várias vantagens em comparação com as formas tradicionais de medicamentos. Um fármaco é transportado para o local de ação, pelo que a sua influência nos tecidos vitais e os efeitos secundários indesejáveis podem ser minimizados. A acumulação de compostos terapêuticos no local alvo aumenta e, consequentemente, são necessárias doses mais baixas de fármacos. Esta forma moderna de terapia é especialmente importante quando existe uma discrepância entre a dose ou a concentração de um fármaco e os seus resultados terapêuticos ou efeitos tóxicos. O direcionamento específico para as células pode ser conseguido com fármacos de dimensão nanométrica. Desenvolvimentos recentes em nanotecnologia mostraram que as nanopartículas (estruturas com menos de 100 nm em pelo menos uma dimensão) têm um grande potencial como transportadores de fármacos. Devido às suas dimensões reduzidas, as nanoestruturas apresentam propriedades físico-químicas e biológicas únicas (por exemplo, uma área reactiva melhorada, bem como a capacidade de atravessar barreiras celulares e tecidulares) que as tornam um material favorável para aplicações biomédicas.[10]

Relatório da literatura sobre nanopartículas de ácido boswellico

Foi publicado um relatório na Asthetische Dermatologie sobre as experiências realizadas no tratamento anti-envelhecimento com nanopartículas de boswellia activadas por luz intensa pulsada, feitas para penetrar através da pele até às camadas mais profundas e que provaram ser muito eficazes no tratamento da pele.[11] Husch et al. investigaram as concentrações de *Boswellia serrata* no plasma e no cérebro, o efeito dos fosfolípidos isolados e em combinação com co-surfactantes comuns (por exemplo, Tween 80, vitamina E-TPGS, pluronic f127) na solubilidade de 1-6 em meios fisiologicamente relevantes e na permeabilidade no modelo celular Caco-2.[12] Uma formulação composta por extrato/fosfolípido/pluronic f127 (1:1:1 w/w/w) aumentou a solubilidade da 1-6 até 54 vezes em comparação com o extrato não formulado e apresentou o fluxo líquido de massa mais elevado nos testes de permeabilidade. A administração oral desta formulação a ratos (240 mg/kg) resultou em níveis plasmáticos 26 e 14 vezes mais elevados de ácido 11-ceto-β-boswellico e ácido acetil- 11-ceto-β-boswellico (2), respetivamente. No cérebro, níveis cinco vezes mais elevados para o extrato não formulado. Husch et al. estudaram uma formulação de lecitina de soja de um extrato padronizado de resina de goma de *B. serrata*

(BE) e o seu correspondente extrato não formulado e avaliaram os seus estudos farmacocinéticos no plasma e numa série de tecidos (cérebro, músculo, olho, fígado e rim), fornecendo os primeiros dados sobre a distribuição tecidular de BAs, que proporcionaram níveis plasmáticos significativamente mais elevados (até 7 vezes para o KBA e 3 vezes para o β-BA) em comparação com o extrato não formulado. Esta relevância deve-se ao aumento acentuado da concentração cerebral de KBA e AKBA (35 vezes), bem como de β-BA (3 vezes) após o Casperome. O aumento da disponibilidade sistémica dos BAs e a melhoria da distribuição nos tecidos. Goel et al. estudaram a atividade anti-inflamatória da formulação em nanogel de AKBA contra o edema da pata de rato induzido por carragenina.[14] O gel tópico para o estudo in vivo do AKBA e das nanopartículas poliméricas de AKBA foi formulado utilizando 1% de Carbopol 940. Os resultados do estudo comparativo in vivo mostraram uma atividade anti-inflamatória muito mais elevada do nanogel de AKBA em comparação com o gel de AKBA de concentração equivalente. Fartyal et al. tentaram administrar ácidos boswelicos através de microesferas.[15] A microesfera apresentou uma libertação prolongada do fármaco (18h) e manteve-se flutuante durante mais de 12h, tendo os estudos *in vitro* demonstrado a libertação controlada do fármaco por difusão a partir da microesfera. Uthaman, et al., relataram a síntese de nanopartículas de ácido boswélico através do método de nanoprecipitação controlada e testaram-nas contra diferentes linhas celulares de cancro humano.[16] Estas nanopartículas revelaram um maior nível de citotoxicidade contra o cancro da próstata. Estas nanopartículas revelaram apoptose através da fragmentação do ADN e a formulação de nanopartículas de ácido boswélico revelou-se um anticancerígeno promissor. Nandan et al. referiram que os efeitos das nanopartículas de ácido boswélico no tumor de ratinhos BALB/c.[17] As propriedades anti-tumorais das nanopartículas orais de ácido boswélico (10 mg/kg, 20 mg/kg) foram avaliadas em unidades de crescimento tumoral máximo com o volume tumoral correspondente. A administração de nanopartículas de ácido boswelico foi observada com uma redução significativa em ratinhos BALB/c portadores de tumor PC-3 com remissão completa. O grupo de tratamento com nanopartículas de BA revelou benefícios terapêuticos para o cancro da próstata sem alteração do estado fisiológico do corpo e sem alterações morfológicas das unidades estruturais dos órgãos. Mehta, et al. referem que os trabalhos recentes sobre a conceção e o desenvolvimento de sistemas de administração de ácidos boswélicos à escala nanométrica.[18] A administração de fármacos à escala nanométrica de ácidos boswélicos registou progressos encorajadores através do carregamento em lipossomas, nanopartículas de lípidos sólidos, bem como em niosomas, fitossomas e nanomicelas, etc. Bairwa e Jachak referiram que desenvolveram uma formulação de nanopartículas de AKBA à base de ácido poli-lático-co-glicólico (PLGA) (AKBA-NPs) e apresentaram uma dimensão de partícula de 179,6 nm com um índice de dispersão de 0,276 poli e uma eficiência de aprisionamento de 82,5%.[19] As AKBA-NPs mostraram uma maior atividade anti-inflamatória in vivo em comparação com o AKBA. O estudo de biodisponibilidade revelou um pico de concentração plasmática de AKBA cerca de seis vezes superior nas AKBA-NPs. Além disso, o $t_{1/2}$ e a área total sob a curva do AKBA também foram aumentados em duas e nove vezes, respetivamente, nas AKBA-NPs, em comparação com o AKBA correspondente. Snima et al., relataram uma relação sinérgica entre a metformina e as nanopartículas de ácido boswélico, que mostraram um sinergismo acrescido na migração celular, o que revelou um efeito inibidor dependente do tempo na linha de células pancreáticas (MiaPaCa-2).[20] O que revelou a despolarização do potencial da membrana mitocondrial devido à apoptose após o tratamento com a combinação de fármacos.

IMPORTÂNCIA DO PRESENTE TRABALHO

No nosso trabalho anterior sobre os ácidos boswelicos, utilizámos um método normalizado, tal como publicado anteriormente, para isolar triterpenóides, ácidos boswelicos e ácidos tirucálicos.[21, 22] Utilizando estes compostos puros, pretendemos sintetizar híbridos de ácidos boswélicos e nanopartículas, tal como fizemos para os ácidos boswélicos, como demonstrado nos dados preliminares, e avaliá-los e validá-los para a inibição da atividade da ciclo-oxigenase e biodisponibilidade como potenciais compostos anti-inflamatórios.

Os BAs são lipofílicos por natureza e não se solubilizam no fluido intestinal, limitando assim a sua disponibilidade sistémica. Os nossos esforços visam agora torná-los facilmente bio-dispersíveis, de modo a aumentar a sua bio-eficácia. Assim, este trabalho pode abrir uma nova via de investigação em química natural com vastas oportunidades terapêuticas com maior eficiência e menores efeitos secundários. Serão apresentados os resultados da sua bioavaliação.

Preparação de nanopartículas

A técnica aqui utilizada é a nanoprecipitação, que é um método físico para preparar partículas ultrafinas ou nanométricas com base na alteração da super-saturação causada pela mistura de solução e anti-solvente. Esta técnica foi utilizada anteriormente em muitos estudos para preparar fármacos hidrofóbicos de dimensão nanométrica.[23] Neste método, o etanol foi utilizado como solvente e a água destilada como anti-solvente. As nanopartículas de compostos puros foram precipitadas com êxito sem utilizar quaisquer tensioactivos à temperatura ambiente. As nanopartículas de ácido boswélico foram preparadas pelo método de nano-precipitação controlada. O ácido boswélico foi convertido nas suas nanopartículas, tendo-se observado claramente um aumento do volume. As nanopartículas assim preparadas foram analisadas por SEM (Microscópio Eletrónico de Varrimento) e a formação de nanopartículas foi confirmada pela figura 1 (composto natural) e pela figura 2 (após a formação de nanopartículas).

Figura 1: Imagem SEM do ácido boswelico natural

Figura 2: Imagem SEM das nanopartículas de ácido boswelico.

Estudo em animais:

Os ratos receberam por via oral KBA-NSAIDs dissolvidos em dimetilsulfóxido (DMSO) a 10 mg/kg. Foi colhido sangue do plexo retro-orbital em diferentes intervalos de tempo para avaliar a biodisponibilidade dos derivados do ácido boswelico. As amostras de sangue foram imediatamente colhidas em tubos de centrifugação heparinizados e centrifugadas a 10.000 rpm durante 10 minutos a 4°C para recolher plasma. Cerca de 2,0 g de terra de diatomáceas foram colocados numa coluna de vidro de 10 mL. 1 mL de plasma foi adicionado a 2 µg de padrão interno; as amostras foram bem misturadas e transferidas para a coluna preparada. Após a adsorção durante 15 minutos na coluna, os compostos foram eluídos com 18 mL de mistura de solventes contendo hexano:tetra-hidrofurano:acetato de etilo:álcool isopropílico (32:32:32:4, v/v/v/v/v). O solvente foi evaporado sob corrente de azoto a 60°C para obter o resíduo da amostra. O resíduo da amostra foi reconstituído em 100 µl de metanol e injetado em HPLC. A concentração do derivado do ácido boswelico em diferentes momentos é apresentada graficamente na Fig. 3. Da mesma forma, foi realizada uma atividade anti-inflamatória para o nanopartícula de ácido boswellico com uma dosagem de 100 mg / kg e 300 mg / kg. Verificámos que o nanopartícula de ácido **boswellico** foi eficaz na dose de 300mg/kg.

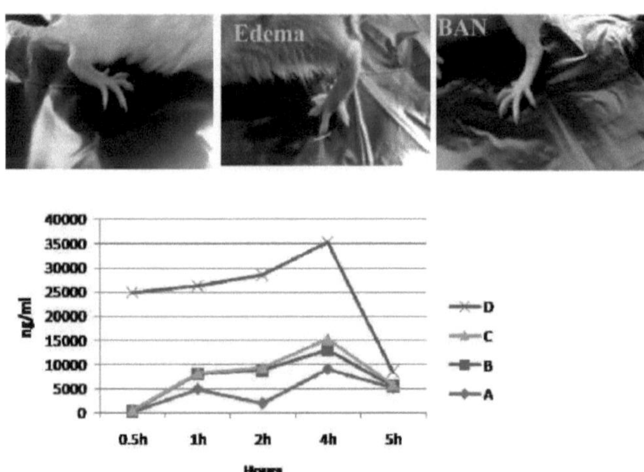

Figura 3: (A) KBA-Cetoprofeno; (B) KBA-Naproxeno; (C) KBA-Indometacina;

(D) KBA-Diclofenac sódico

BIBLIOGRAFIA

1. Safayhi, H.; Mack, T.; Sabieraj, J. *J. Pharmacol. Exp. Ther.,* **1992**, *261*, 1143-1146.

2. Safayhi, H.; Rall, B.; Sailer, E.R.; Ammon, H.P. *J. Pharmacol. Exp. Ther.,* **1997**, *281*, 460-463.

3. Singh, G. B.; Bani, S.; Singh, S. *Phytomed.* **1996**, *3*, 87-90.

4. Kruger P.;, Daneshfar R.; Eckert G. P.; Klein J.; Volmer, D. A.; Bahr, U.; Muller W.E.; Karas, M.; Schubert-Zsilavecz M.; Abdel-Tawab M. *Drug Metab Dispos.* **2008**, *36(6),* 1135-42.

5. Sterk V.; Buchele, B.; Simmet. Planta Med, **2004**, *70*, 1155-1160.

6. Abdellatif, K.R.A; Chowdhury, M.A.; Dong, Y.; Das, D.; Yu, G.; Velazquez, C.A. *Bioorg. Med. Chem. Lett.* **2009**, *19*, 3014-3018.

7 . Sharma S, Thawani V, Hingorani L, Shrivastava M, Bhate VR, e Khiyani R. *Phytomedicine,* **2004,** 11,1255-1260

8. Buchele B e Simmet T J. *Chromatogr B Analyt Technol Biomed Life Sci,* **2003**, 795,355-362

9 . Reising K, Meins J, Bastian B, Eckert G, Mueller WE, Schubert- Zsilavecz M. e Abdel Tawab M. *Anal Chem,* **2005**, *77*, 6640 - 6645.

10. Agnieszka Z.; Wilczewska.; Katarzyna N.; Karolina H. M.; Halina C. *Pharmacology. Rep.,* **2012**, *64,* 1020-1037.

11. Kosmetik Konzept KOKO GmbH & Co.KG (Relatório). *Asthetische Dermatologie,* **2009**, *4*, 28-33.

12. Husch J;, Gerbeth K.; Fricker, G.; Setzer, C, Zirkel J, Rebmann H, Schubert-Zsilavecz M, Abdel-Tawab M. *J. Nat. Prod.,* **2012**, *26,* 167582.

13. Husch J.; Bohnet J.; Fricker G.; Setzer, C.; , Artaria, C.; Appendino, G.;, Schubert-Zsilavecz M, Abdel-Tawab M.. *Fitoter.,* **2013**, *4*, 89-98

14. Goel, A.;.Ahmad, F.G.; Singh, R.M.; Singh, G.N. *J. Pharm. Pharmacol.,* **2010**, *62*, 272-278.

15. Fartyal, S., S.K. Jha, M.S. Karchuli, R. Gupta e A. Vajpayee, *Int. J. Pharm. Tech. Res.,* **2011**, *3*, 76-81.

16. Uthaman, S.; Snima, K.S.; Annapoorna, M.; Ravindranath, K.C.; Shanti, V.; Vinoth,

L. Novel *J. Nat. Prod.* **2012**, *5*, 100-108.

17. Nandan, C.D.; Reshmi, P.; Uthaman, S.; Saji, Snima K.S. *et al.,. J. Nanopharm. Drug Deliv.*, **2013**, *1*, 30-37.

18. Mehta, M.; Satija, S.; Nanda A.; Garg M. *Am. J. Drug Discover. Develop.* **2014**, 4, 1-11.

19. Bairwa, K.; Jachak, S.M. *Pharm Biol.* **2016***,54*, 2909-2916

20. Snima, K. S.; Nair, Reshmi S.; Nair, Shantikumar V.; Kamath, C. Ravindranath; Lakshmanan, Vinoth-Kumar. J. Biomed. Nanotechnol, **2015**, 11, 93-104.

21. Shenvi, S.; Reddy, G.C. *Chem. Nat. Compd.*, **2013**, *48* 1008-1012.

22. Shenvi, S.; Rijesh, K.; Diwakar, L.; Reddy, G.C. *Phytochem. Lett.* **2014**, *7*, 114-119.

23. Noyes, A. A.; Whitney, W. R. *J. Am. Chem. Soc.,* **1987**, *19, 930-934*

CAPÍTULO 5

5.ABORDAGEM PRÓ-FÁRMACO: SÍNTESE DE ÁGUA GLICOSÍDEOS SOLÚVEIS DO ÁCIDO 11-CETO BOSWELICO

Os ácidos boswelicos são ácidos triterpénicos pentacíclicos (Figura 1) obtidos a partir do exsudado da resina de goma de *Boswellia serrata*.[1,2] Da resina de goma de *Boswellia serrata* foram isolados 4 compostos principais pertencentes à classe das alfa-amirinas, nomeadamente o ácido β-bosvélico (β-BA) e o ácido 3-acetil-β-bosvélico (β-ABA), o ácido 11-ceto-β-bosvélico (β-KBA) e o ácido 3-acetil-11-ceto-β-bosvélico (β-AKBA), que são responsáveis pela sua atividade inibidora da 5-lipoxigenase.[3]

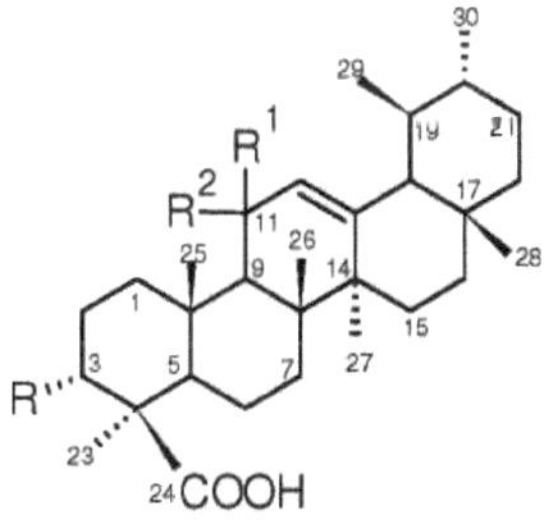

β-Boswellic acid

1: R^1, R^2=H, R=H (β-BA; β-Boswellic acid)
2: R^1, R^2=O, R=H (β-KBA; 11-keto- β-Boswellic acid)
3: R^1, R^2=H, R=OAc (β-ABA; 3-acetyl-β-Boswellic acid)
4: R^1, R^2=O, R=OAc (β-AKBA; 3-acetyl-11-keto- β-Boswellic acid)

Figura 1: Ácidos boswelicos proeminentes obtidos da resina de goma de *Boswellia serrata*

Estudos modernos atribuíram as propriedades anti-inflamatórias da goma-resina aos ácidos boswelicos, que inibem duas enzimas pró-inflamatórias, a 5-lipoxigenase e a elastase leucocitária humana, e demonstraram que a sua ação é mediada por numerosas vias através da inibição de NFkB, COX-1, HLE e 5-LOX.[4] Esta dupla ação inibidora do processo inflamatório é exclusiva dos ácidos boswelicos. Além disso, os estudos revelaram que não apresentam os efeitos secundários nocivos que ocorrem no caso dos anti-inflamatórios não esteróides sintéticos. As vias multimecânicas dos ácidos boswelicos incentivaram a comunidade científica a explorar outros valores terapêuticos, tais como o potencial anticancerígeno e antibacteriano, tendo sido obtidos resultados promissores.[5, 6] Os estudos demonstraram que, entre os vários ácidos boswelicos, o ácido 11-ceto-beta-boswelico (β-

KBA) e o ácido acetil-11-ceto-beta-boswelico (β-AKBA) são mais activos.[7] Embora os ácidos boswelicos tenham sido bem estudados e associados a imensos valores terapêuticos, como anti-inflamatórios, anticancerígenos, antibacterianos, etc., as suas aplicações têm sido limitadas devido à sua fraca biodisponibilidade. As moléculas lipofílicas são absorvidas com relutância pelos sistemas biológicos. A administração de doses elevadas de ácidos boswelicos não é desejável, uma vez que sobrecarrega o fígado e pode tornar-se hepatotóxica. Por conseguinte, é necessário conseguir, de alguma forma, um aumento da absorção dos ácidos boswelicos nos sistemas biológicos, de modo a que o seu potencial possa ser explorado com segurança na dose necessária. Uma abordagem para aumentar a biodisponibilidade dos ácidos boswelicos lipofílicos tem sido a sua administração juntamente com alimentos ricos em fibras ou em gorduras.[8] Mas esta abordagem não é desejável, uma vez que altera o sabor e não é facilmente palatável.

Um número significativo de compostos terpenóides são glicosídeos com os açúcares ligados aos grupos activos e o resíduo glicosídico é crucial para a sua atividade. Os esteróides e triterpenóides glicosilados de ocorrência natural apresentam frequentemente uma bioatividade farmacológica superior à dos seus agliconas correspondentes.[9,10] É provável que as cadeias de oligossacarídeos sejam sintetizadas por adição sequencial de resíduos de açúcar simples à aglicona, mas pouco se sabe sobre a glicosilação de triterpenóides.[11] Os investigadores conseguiram a glicosilação de vários triterpenóides, tais como o ácido oleanólico,[12-14] hederagenina[15,16] ácido ursólico[17] ácido glicerrínico,[18] ácido asiático,[19] ácido morónico[20] etc., mas até agora a glicosilação do ácido boswélico não foi comunicada. Uma abordagem para aumentar a biodisponibilidade dos ácidos boswelicos lipofílicos tem sido administrá-los juntamente com alimentos ricos em fibras ou em gorduras.[21] Mas esta abordagem não é desejável, uma vez que alteraria o sabor e não seria facilmente palatável. Uma segunda abordagem seria criar o seu modelo de glicosídeo-fármaco. Os pró-fármacos são frequentemente concebidos para melhorar a biodisponibilidade quando um fármaco é mal absorvido pelo trato gastrointestinal.[22] Muitos extractos de plantas utilizados em medicina contêm glicosídeos do agente ativo, que são hidrolisados no intestino para libertar a aglicona ativa. No caso da salicina, que é um β-D-glucopiranosídeo, é clivada por esterases para libertar ácido salicílico.[23]

IMPORTÂNCIA DO PRESENTE TRABALHO

Embora se conheçam vários glicosídeos de vários triterpenos, surpreendentemente, até à data, não foram registados quaisquer glicosídeos do ácido boswelico. Com o objetivo de produzir ácidos boswelicos solúveis em água, preparámos pela primeira vez glicosídeos do ácido 11-ceto boswelico. Os ácidos boswélicos naturais, que são agentes anti-inflamatórios, são de natureza lipofílica, tornando-se assim um fator limitante em termos da sua biodisponibilidade. Entre os ácidos boswélicos, o ácido 11-ceto-β-boswélico apresenta uma atividade biológica superior, pelo que se prepararam com êxito os seus derivados glucosil e maltosil, nomeadamente o ácido 11-ceto-β-boswélico-24-O-β-D-glucopiranosídeo (**9**) e o ácido 11-ceto-β-boswélico-24-O-α-D-glucopiranosil-(1 -4)-β-D-glucopiranosídeo (**15**), que são solúveis em água. Estes dois compostos são solúveis em água até 10% (p/p), o que é muito significativo. Por conseguinte, um método elegante e mais limpo seria ligar quimicamente o ácido boswélico a uma molécula hidrofílica, como a glucose, de modo a que o derivado do ácido boswélico resultante tenha alguma hidrofilicidade e, assim, a sua absorção nos sistemas biológicos seja melhorada. Esta abordagem, bem como a glicoconjugação prevista do ácido boswelico, são novas e até agora desconhecidas na literatura (Esquema 1). Uma vez que o ácido 11-ceto-β-boswelico apresenta uma bioatividade superior à de outros ácidos boswelicos naturais, preparámos pela primeira vez com sucesso os seus derivados glucosil e maltosil solúveis em água.

RESULTADOS E DISCUSSÃO

A peracetil *bromo-a-D-glicose* (**6**) foi preparada por peracetilação da glicose pelo procedimento adotado anteriormente em nosso laboratório (Shenvi et al., 2016). O brometo de glicosila assim preparado foi tratado com ácido 3-acetil-11-ceto-β-boswellico (**4**) na presença de carbonato de prata usando acetonitrila como solvente para obter glicosídeo de ácido boswélico (Figura 2) com cerca de 50% de rendimento. Além disso, os rendimentos dos glicosídeos dos ácidos boswelicos foram melhorados até 80-85% alterando o meio solvente para diclorometano anidro e tolueno anidro. Os resultados estão tabelados (Quadro 1).

Quadro 1: Rendimentos dos glicosídeos dos ácidos boswelicos obtidos com diferentes solventes

Sl No	Boswellic acids	Solvents	Isolated yield in %
1	3-Acetyl-β-Boswellic acid	Acetonitrile	47
		Dichloromethane	70
		Toluene	80
2	3-Acetyl –11-keto-β-Boswellic acid	Acetonitrile	48
		Dichloromethane	72
		Toluene	86

A glicosilação do ácido boswélico com um dissacárido conduziria certamente a conjugados mais hidrofílicos dos ácidos boswélicos. Assim, tentámos a glicosilação do ácido boswelico utilizando maltose. A maltose foi peracetilada [Ac2O, Et3N/ DMAP (quantidade catalítica), DMF, rt, 12h] seguida de bromação anomérica utilizando HBr/AcOH a uma temperatura gelada para obter brometo de maltosilo (**11**) ou de cloração utilizando cloreto de acetilo e uma quantidade catalítica de acetato de zinco para obter cloreto de maltosilo (**12**) (Figura 3).

O brometo/cloreto de maltosilo assim obtido foi utilizado para a glicosilação do ácido 3-acetil-11-ceto-β-boswellico, obtendo-se o maltosido correspondente **13** com um rendimento de 70% (Figura 4). O maltosídeo (**13**) foi então desacetilado utilizando carbonato de sódio em metanol/clorofórmio e apenas em metanol à temperatura ambiente para obter produtos parcialmente desacetilados (**14**) e completamente desacetilados (**15**), respetivamente. O glicosídeo desacetilado e o maltosídeo do ácido 11-ceto-β-boswélico, ou seja, os compostos **9** e **15,** são facilmente solúveis em água até 10% (p/p), o que é uma observação muito significativa. Tencionamos estudar a sua bioeficácia e comunicar os resultados noutro local.

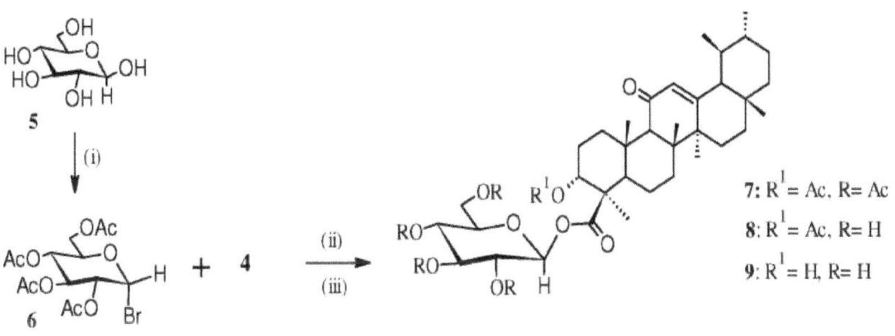

Figura 2: Glucoconjugado do ácido 3-acetil-11-ceto-β-boswélico

Condições e reagentes: (i) HBr/AcOH; (ii) Ag2CO3/Sovents (tabela 1) ou K_2 CO√tolueno a 100°
C; (iii) Para o composto **8**, Na$_2$ CO$_3$ /MeOH/ CHCl$_3$; Para o composto **9**, Na2CO3/MeOH.

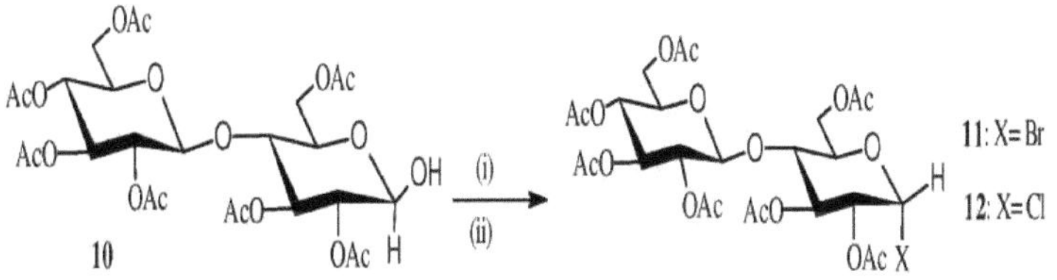

Figura 3: Brometo de maltosilo e cloreto de maltosilo peracetilados

Reagentes e condições: i) HBr/AcOH, 6h; ii) CH3COCl, Zn(OAc)2.2H2O

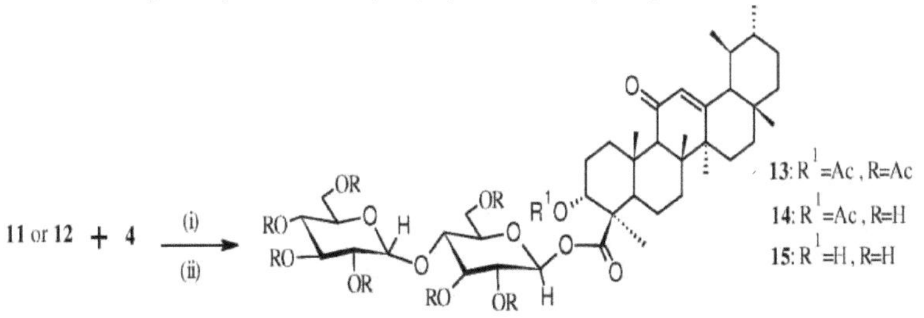

Figura 4: Maltoconjugado do ácido 3-acetil-11-ceto-β-boswélico

Reagentes e condições: (i) K$_2$ CO$_3$ /tolueno a 100° C (ii) Para o composto 14,
Na2CO3/MeOH/CHCl3; para o composto **15**, Na2CO3/MeOH

O isolamento dos ácidos boswelicos foi efectuado como descrito anteriormente.

Procedimento geral para a preparação de peracetato de glucose e maltose

A uma solução de glucose (**5**, 5 g, 27,7 mmol) , TEA (16,85 g, 166,6 mmol) , DMF (150 ml) e uma quantidade catalítica de DMAP foi adicionada Ac2O (16,99 g, 166,6 mmol), gota a gota, mantendo a temperatura a 0°C durante 5-6 h. A conclusão da reação foi monitorizada por TLC. A conclusão da reação foi monitorizada por TLC e, em seguida, adicionou-se uma solução aquosa de hidrogenossulfato de sódio, gota a gota, à mistura reacional, sob agitação, até atingir um pH~8. Em seguida, a mistura reacional foi extraída com EtOAc (2 x 50 ml) e a camada orgânica combinada foi lavada com água (2 x 50 ml), seca sobre Na2SO4 e evaporada até à secura sob vácuo. Do mesmo modo, o peracetato de maltosilo foi preparado utilizando o dobro da quantidade de reagentes.

Procedimento geral para a preparação de brometo de glucosilo (6) e brometo de maltosilo (11)

Ao peracetato de glucose/maltose (3g) foram adicionados 15 ml de HBr a 33% em AcOH a 0°C, deixando lentamente a reação atingir a temperatura ambiente sob agitação e mantida durante 45 minutos. Adicionou-se DCM (80 ml) à mistura reacional e deixou-se cair a solução em água gelada. A camada orgânica foi separada e depois lavada com uma solução de NaHCO3, água e seca sobre Na2SO4. A camada orgânica foi evaporada sob vácuo para obter os compostos necessários, que foram armazenados no frigorífico.

Preparação geral do cloreto de maltosilo (12)

A uma solução de maltose (**10**, 3g, 8,765 mmol) em DMF (10 ml) foram adicionados TEA (8,42 g, 83,36 mmol) e cloreto de acetilo (6,49 g, 82,47 mmol), mantendo a temperatura a 0°C. Agitou-se a mistura reacional a essa temperatura durante 6-7h e, em seguida, adicionou-se Zn (OAc)2.2H2O (0,1 mmol) para completar a reação. Adicionou-se EtOAc (2 x 50 ml) à massa reacional e recolheu-se a camada de acetato de etilo, lavou-se a camada orgânica com uma solução de NaHCO3 a 5% (2 x 25 ml), depois com água e secou-se sobre Na2SO4.

Síntese do ácido 11-ceto-β-boswellico-24-O-β-D-tetraacetilglucopiranosídeo (7)

A uma solução de ácido 3-acetil-11-ceto-β-boswélico (**4**, 900 mg, 1,75 mmol) em tolueno (30 ml), adicionou-se brometo de tetraacetil-α-D-glucopiranosilo (**6**, 1,45 g, 3,54 mmol) na presença de K_2CO_3 (122 mg, 0,885 mmol) juntamente com peneiras moleculares 4 A e aqueceu-se a 100°C durante 4 h. A conclusão da reação foi monitorizada por TLC. Concentrou-se a camada de tolueno, adicionou-se EtOAc (30 ml), lavou-se a camada de EtOAc com água duas vezes e concentrou-se a camada de acetato de etilo até à secura para obter o produto em bruto (2,03 g). O produto em bruto foi submetido a cromatografia em coluna de sílica e eluído com hexano; mistura de EtOAc (polaridade crescente) e isolou o produto puro **7** (86% de rendimento).

Síntese do ácido 3-acetil-11-ceto-β-boswellico-24-O-β-D-glucopiranosídeo (8)

Adicionou-se o acetilglicosídeo do ácido 3-acetil-11-ceto-β-boswélico (**7**, 200 mg, 0,296 mmol) e Na2CO3 (36,9 mg, 0,35 mmol) ao metanol (5 ml) e clorofórmio (1 ml), mantidos à temperatura ambiente durante 2.5 h e a conclusão foi monitorizada por TLC (CHCl3:MeOH, 10%), evaporou-se o solvente e adicionou-se água (2 ml) à massa e extraiu-se com EtOAc (2x20 ml), a camada combinada de acetato de etilo foi seca sobre Na2SO4 e concentrada sob vácuo para obter o produto **8** (98% de rendimento).

Síntese do ácido 11-ceto-β-boswellico-24-O-β-D-glucopiranosídeo (9)

Adicionou-se o acetilglicosídeo do ácido 3-acetil-11-ceto-β-boswélico (**7**, 200 mg, 0,31 mmol) e Na2CO3 (73,8 mg, 0,70 mmol) ao metanol (5 ml), mantido à temperatura ambiente durante 2 dias e a conclusão da reação foi monitorizada por TLC (CHCl3: MeOH, 10%), evaporou-se o metanol e adicionou-se água (2 ml) à massa reacional e extraiu-se com EtOAc (2x20 ml). A camada combinada de acetato de etilo foi seca sobre Na2SO4 e concentrada sob vácuo para obter o produto **9** (95% de rendimento).

Síntese do ácido 3-acetil-11-ceto-β-boswellico-24-O-a-D-tetraacetil glucopiranosil-(144ββDD-triceetylglcoopyannoside (13)

A uma solução de ácido **3-acetil-11-ceto-β-boswelico** (**4**, 0,5 g, 0,976 mmol) em tolueno (30 ml), adicionou-se brometo de maltosilo (1,26 g, 1,76 mmol) na presença de

K_2CO_3 (0,20 mg, 1,44 mmol) juntamente com crivos moleculares 4 A aquecidos a 100°C durante 4h. A conclusão da reação foi monitorizada por TLC. Concentrou-se a camada de tolueno, adicionou-se EtOAc (30 ml), lavou-se a camada de EtOAc com água duas vezes, secou-se sobre Na2SO4 anidro e concentrou-se até à secura para obter o produto em bruto (2,03 g). Purificou-se o produto em bruto através de uma coluna de sílica utilizando uma mistura de hexano e EtOAc com polaridade crescente e isolou-se o produto puro (**13**) com um rendimento de 70%. Quando a reação foi levada a cabo com cloreto de maltosilo, **o produto 13** foi obtido com um rendimento de 89%.

Síntese do ácido 3-acetil-11-ceto-β-boswellico-24-O-a-D-glucopiranosil-(1 - 4)-β-D-glucopiranosido (14)

Adicionou-se o acetilmaltósido do ácido 3-acetil-11-ceto-β-boswelico (**13**, 200 mg, 0,174 mmol) e Na2CO3 (36,9 mg, 0,35 mmol) a metanol (5 ml) e clorofórmio (1 ml), mantidos à temperatura ambiente durante 2,5 h e a conclusão foi monitorizada por TLC (CHCl3: MeOH, 10%), evaporou-se o metanol e adicionou-se água (2 ml) à massa e extraiu-se com EtOAc (2x20 ml). A camada combinada de acetato de etilo foi seca sobre Na2SO4 e concentrada sob vácuo para obter o produto **14** (97% de rendimento).

Síntese do ácido 11-ceto-β-boswélico-24-O-a-D-glucopiranosil-(1 -4)-β-D-glucopiranosídeo (15)

Adicionou-se o acetilmaltósido do ácido 3-acetil-11-ceto-β-boswellico (**13**, 200 mg, 0,174 mmol) e Na2CO3 (73,8 mg, 0,70 mmol) ao metanol (5 ml) e manteve-se à temperatura ambiente durante 3 dias. A conclusão da reação foi monitorizada por TLC (CHCl3: MeOH, 10%), evaporou-se o metanol e adicionou-se água (2 ml) à massa reacional e extraiu-se com EtOAc (2x20 ml). A camada combinada de acetato de etilo foi seca sobre Na2SO4 e concentrada sob vácuo para obter o produto **15** (rendimento de 95%).

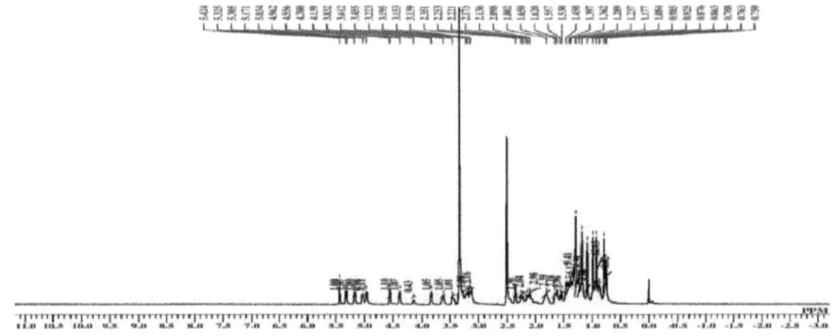

Espectros 1:[1] H-NMR do ácido 11-ceto-β-boswélico-24-O-β-D-glucopiranosídeo (**9**)

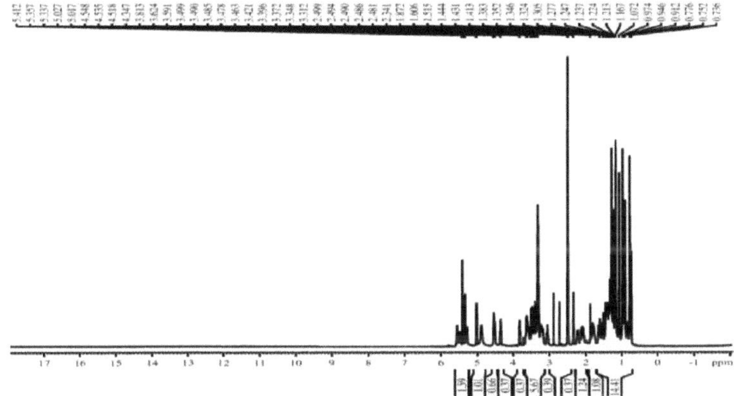

Espectros 2 :[1] H-NMR do ácido 11-ceto-β-boswélico-24-O-α-D-glucopiranosil-(1 - 4)-β-D-glucopiranosídeo (15)

CONCLUSÃO

Embora se verifique que o ácido 11-ceto-β-boswelico apresenta uma atividade biológica superior entre os ácidos boswelicos, a sua utilização é limitada devido à sua lipofilicidade. Para ultrapassar este problema, preparámos pela primeira vez com êxito os seus derivados glucosil e maltosil, nomeadamente o ácido 11-ceto-β-boswelico-24-O-β-D-glucopiranosídeo (**9**) e o ácido 11-ceto-β-boswelico-24-O-α-D-glucopiranosil-(1-4)-β-D- glucopiranosídeo (**15**), que são solúveis em água. Estes dois compostos são solúveis em água até 10% (p/p), o que é muito significativo.

BIBLIOGRAFIA

1. Shenvi, S.K; Rijesh, K.; Diwaka,r L, Reddy CG. **2014**, *Phytochem Lett.7*, 114-119.
2. Pardhy, R.S.; Bhattacharya, S.C. **1978**, *Indian J. Chem. 16B*, 174-175.
3. Sailer, .ER.; Subramanian, L.R.; Rall, B.; Hoernlein, R.F.; Ammon, H.P.T.; Safayhi, H. **1996**, *Br. J. Pharmacol. 117*, 615-618.
4. Safayhi, H.; Mack, T.; Sabieraj, J. **1992**, *J. Pharmacol. Exp. Ther. 261*, 1143-1146.
5. Eichhorn, T.; Greten, J. H.; Efferth T. **2011**, *Pharmaceutics, 4*, 11711182.
6. Raja, A.F.; Ali, F.; Khan, I.A.; Shawl, A. S.; Arora, D.S.; Shah, B.A.; Taneja, S.C. *BMC Microbiol.* **2011**, 1-9.
7. Ammon, H.P. *Phytomed.* **2010**, *11*, 862-867.

8. Singh, G.B.; Bani, S.; Singh, S. *Phytomedicine.* **1996**, *3*, 87-90.

9. Parra, F.R.A.; Martine, A.; Granados, A. G. *Phytochem. Rev,* **2013**, *12*, 327-339.

10. Park, S.J.; Choi, J. M.; Kyeong, H.H.; Kim, S.G.; Kim, H.S. *Chem. Biochem.* **2015**, *5*, 854-860

11. Haralampidis, K.; Trojanowska, M.; Osbourn, A. E. **2002**, *In Advances in Biochem. Engg.Biotechnol. 75*, 32-49.

12. Urarova, N.I.; Oshitok, G. I.; Elyakov, G. B. **1973**, *Carbohydrate Res. 27*, 79-87.

13. Ren, L.; Liu, Y.X.; Lv, D.; Yan, M.C.; Liu, H.N.; Cheng, M. S. **2013**, *Molecules. 18*, 15193-15206.

14. Sha, Y.; Yan, M. C.; Liu, J.; Liu, Y.; Cheng, M. C. **2008**, *Molecules, 13*, 1472-1486.

15. Yan, M.C.; Liu, Y.; Lu, W.X.; Wang, H.; Sha, Y.; Cheng, M. S. **2008**, *Carbohydr Res. 343*, 780-784.

16 . Gauthier, C.; Legault, J.; Girard-Lalancette, K.; Mshvildadze, V.; Pichette, A. *Bioorg. Med. Chem.* **2009**, *17,* 2002-2008.

17. Wu, P.; Zheng, J.; Huang, T.; Li, D.; Hu, Q.; Cheng, A.; Jiang, Z.; Jiao, L.; Zhao, S.; Zhang, K. *PLoS One.* **2015**, 9, e0138767.

18. Schwarz, S.; Siewert, B.; Xavier, N. M.; Jesus, A. R.; Rauter, A.P.; Csuk, R. *Eur. J. Med. Chem.* **2014**, *72*, 78-83.

19. James, T. J.; Ian, A.; Dubery, I. A. *Molecules,* **2009,** *14*, 3922-3941.

20. Sheng, H.; Sun, H. *Nat. Prod. Rep.* **2011**, *28*, 543-593.

21. Shenvi, S.; Singh, J.; Shivakumar, Reddy, G. C. *J. Chem. Pharm. Res.* **2016**, *11*, 284-289.

22. Singh, G. B.; Bani, S.; Singh, S. *Phytomedicine,* **1996**, *3*, 87-90.

23. Hacker, M.; William, S.; Messer, II.; Kenneth, A. *Academic Press,* **2009**, 216-217.

24. Sneader, W., *Br. Med. J.* **2000**, *321*, 1591-1594.

6. MODIFICAÇÃO DO ANEL A DO ÁCIDO TIRUCÁLICO: ACTIVIDADE ANTICANCERÍGENA

Os oleananos, os ursanos, os fernanos, os lupanos e os seus derivados estão amplamente distribuídos, principalmente como formas oxigenadas, em muitas variedades de espécies de plantas superiores. [1,2,3] Vários triterpenóides com derivados de anel modificado, incluindo os ácidos ursólico e oleanólico, o ácido betulínico, o celastrol, o ácido glicirrético, o lupeol, o ácido maslínico, a pristimerina, o ácido disoxihaínico e as avicinas possuem propriedades antitumorais e anti-inflamatórias.[4,5] Geralmente, a modificação dos anéis A, C e E é comum nos triterpenóides e estes possuem uma atividade melhor do que os compostos naturalmente disponíveis.[6,7]

Triterpenóides modificados pelo anel A e sua importância biológica

A modificação de anéis A em esteróides e triterpenóides para obter nitrilo *seco* e ε-lactama foi bem explicada com um mecanismo no início dos anos 70.[8,9,10] Os triterpenóides tetracíclicos modificados com anéis A, como o ácido anwuweizónico e os ácidos manwuweizónicos, apresentaram uma atividade significativamente melhor contra o cancro do pulmão de Lewis, o tumor cerebral-22 e o hepatoma sólido em ratos. [11] O anel A com grupo carbonilo na posição C-3 e grupo funcional 2,3-seco nitrilo contribui significativamente para desenvolver a resposta imunitária, intensificar a produção de anticorpos no caso da alobetulona, do ácido betulónico e dos seus ésteres metílicos. [12] Os análogos clivados do anel A dos ácidos oleanólico e ursólico apresentaram uma boa regulação do crescimento nas células da próstata.[13] Vários triterpenóides modificados com o anel A da alobetulona,[14] lupenona,[15] ácido canárico,[16] ácidos disoxihainicos, β-amirina[58] friedelina,[1] 7 ácido oleanólico,[13,18] ácido 11-deoxo-glicirrético,[19] betulina,[20,21] ácido ursólico[22] mostraram ser antimaláricos, suprimiram eficazmente o crescimento de um amplo espetro de células cancerígenas sólidas e hematológicas. Os derivados do ácido glicirretínico e dos ácidos boswélicos modificados pelo anel A, como as α-cianoenonas e os isoxazóis, apresentaram uma boa atividade anti-inflamatória e anticancerígena. [23] Estes triterpenóides são sintões importantes para a semi-síntese de derivados modificados do anel A com actividades biológicas, como a finasterida.[24] Os triterpenóides estão a emergir como fármacos com diferentes modos de ação e alvos.[25] Todos os compostos naturais acima referidos sofreram uma modificação do anel A através do rearranjo de Beckmann e a sua forma seca foi mais potente do que as cetonas cíclicas precursoras.

Rearranjo de Beckmann (segunda ordem).[9, 17] Os 3-oxo triterpenóides, quando se dá o rearranjo de Beckmann, em vez do produto de primeira ordem de Beckmann, ou seja, a amida cíclica, dão origem a dois produtos, como o produto principal, a lactama, e o produto secundário, o nitrilo seco. A formação destes dois produtos foi explicada pelo mecanismo abaixo (esquema 1).

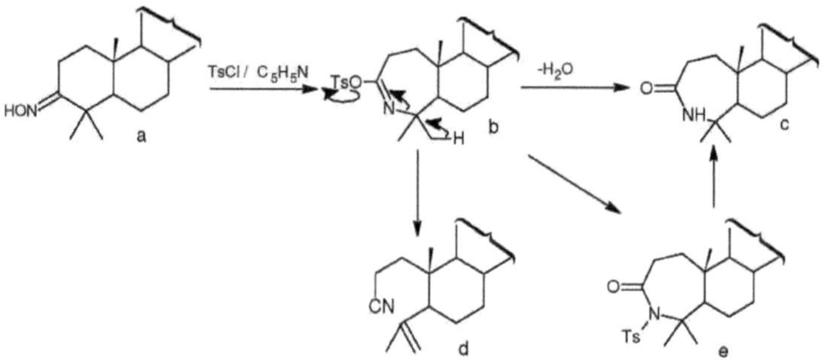

Esquema 1: Mecanismo de rearranjo de Beckmann de segunda ordem em triterpenóides.

Foi discutido o mecanismo de rearranjo de Beckmann de segunda ordem (anormal) da oxima triterpenóide (a). Num caso particular, uma mistura de ε-lactama (c) e seconitrilo (d) foi obtida pelo tratamento da oxima de 4,4-dimetil-5α-colestan-3-ona com cloreto de tosilo em piridina. Propôs-se que a reação envolve a formação inicial de tosiloxi-imina (b), de acordo com o mecanismo geralmente aceite do rearranjo de Beckmann de primeira ordem (normal), que, após hidrólise, dá origem à ε-lactama (3c) diretamente ou através da N-tosil lactama (e) ou elimina o ácido tósico da forma indicada para dar (3d). Os produtos intermédios b) e e) devem ser interconversíveis, uma vez que tempos de reação prolongados favorecem a formação (presumivelmente irreversível) de d) em detrimento de c). O valor de (d) isolado nas mesmas condições foi considerado mais um apoio ao mecanismo acima explicado. No entanto, é provável que esta observação não tenha qualquer relação com o mecanismo, uma vez que indica apenas que a (c) não é tosilada nestas condições. A utilização de condições mais forçadas na tosilação de (c) para dar (b) ou (e) deve resultar na formação de (d) se o mecanismo de formação do nitrilo seco estiver correto.

Ácidos tirucálicos

A resina de óleo-goma de *Boswellia serrata* Roxb. (Burseraceae) é uma mistura complexa que contém uma série de mono, -sesqui, -di e triterpenóides. A resina de *Boswellia* contém os ácidos Boswellico e Tirucálico. A partir de espécies de *Boswellia*, foram isolados e caracterizados triterpenóides tetracíclicos que são idênticos aos ácidos elemónicos (ácido 3-ceto-triucall-8, 24-dien-21-oico, **I**) como ácidos tirucálicos.[26] [27] [28] (Detalhes descritos no capítulo I). iI.e. ácido 3-α-hidroxi tirucall-8,24-dien-21-oico **1I**, ácido 3-β-hidroxi tirucall-8,24-dien-21-oico, **III**, ; ácido 3-α-acetoxi tirucall-8,24-dien-21-oico, **1V** (tabela 1). Além disso, Akihisa e Banno et al. relataram o isolamento do ácido 3-α-hidroxi-7, 24-dien-tirutálico (**V**) de *Boswellia carterii*. [28] [29] Todos os ácidos tirucálicos discutidos (**I-V**) foram também isolados por Seitz da resina de *Boswellia papyrifera*.[30] Outros dois novos derivados dos ácidos tirucálicos, o ácido 3-α-acetoxi tirucall-7,24-dien-21-óico (**VI**) e o ácido 3-β-acetoxi tirucall-8,24-dien-21-óico (**VII**), foram registados por Estrada et al.[31] O ácido 3-oxotirucalla-7,9(11),24-trien-21-óico (**VIII**) foi registado por Wang etal de *Boswellia carterii* Birdw.[32] A sua atividade antiprotozoária e citotóxica foi relatada por

Camacho et al.[33] O ácido tirucálico poderia induzir a apoptose celular do cancro da próstata humano foi relatado por (Fu-Yue e Ren-Wang, 2011).[34] Os compostos de Tirucallanane também exibiram atividade anti-inflamatória foi testada contra TPA induzida em ratos.[29] Verificou-se que os derivados acetoxi do ácido tirucálico inibiram a proliferação e induziram a apoptose nas membranas e diminuíram o crescimento de tumores da próstata pré-estabelecidos em ratinhos nus. A desativação da Akt (ativação da serina/treonina proteína quinase) restringe o crescimento dos tumores da próstata sem toxicidade sistémica evidente e a estimulação da síntese de leucotrienos por inibição da 5-lipoxigenase estudada.[31, 35, 36]

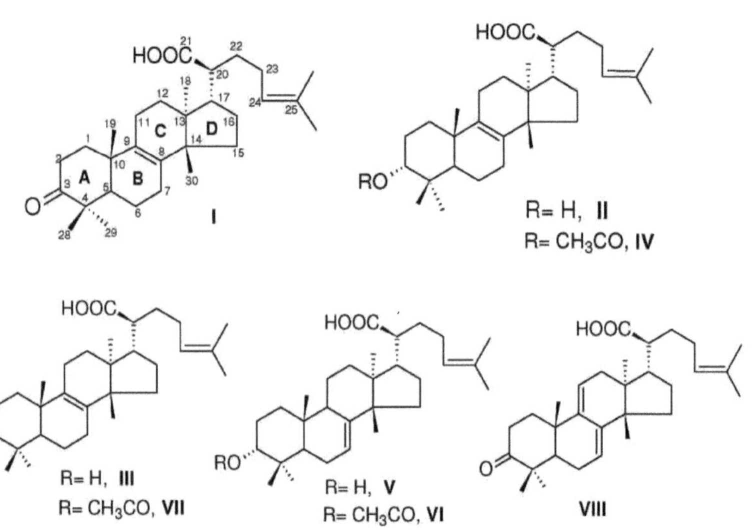

Figura 1: Derivados de ácidos tirucálicos isolados de espécies de *Boswellia*.

Quadro 1: Ácidos trirracíclicos de *Boswellia serrata*

Compounds	Tirucallic acids isolated and identified	Molecular Formula
I	3-oxo-tirucall-8, 24-dien-21-oic acid	$C_{30}H_{46}O_3$
II	3-α-hydroxy tirucall-8,24-dien-21-oic acid	$C_{30}H_{48}O_3$
III	3-β-hydroxy tirucall-8,24-dien-21-oic acid	$C_{30}H_{48}O_3$
IV	3-α-acetoxy tirucall-8,24-dien-21-oic acid	$C_{32}H_{50}O_3$
V	3-α-hydroxy tirucall-7,24-dien-21-oic acid	$C_{30}H_{48}O_3$
VI	3-α-acetoxy tirucall-7,24-dien-21-oic acid	$C_{32}H_{50}O_3$
VII	3-β-acetoxy tirucall-8,24-dien-21-oic acid	$C_{32}H_{50}O_3$
VIII	3-oxotirucalla-7,9(11),24-trien-21-oic acid	$C_{30}H_{44}O_3$

IMPORTÂNCIA DO PRESENTE TRABALHO

Isolou-se o ácido 3-oxo-tirucall-8, 24-dien-21-oic da goma de *Boswellia serrata*. Foi tentada a modificação do anel para melhorar a sua atividade biológica. Em seguida, submeteu-se a metilação para obter o éster metílico do ácido 3-oxo-tirucálico. Este éster metílico foi submetido a uma modificação do anel A através da formação de oxima, seguida de um rearranjo de Beckmann que resultou em lactama e seco nitrilo. O seco nitrilo foi hidrolisado em ácido seco. Todos os compostos modificados com o anel A foram testados contra cinco linhas celulares de cancro humano. Os compostos modificados com o anel A mostraram uma melhor atividade anticancerígena do que o seu precursor natural em todas as linhas celulares, especialmente na linha celular do cancro da próstata.

RESULTADOS E DISCUSSÃO

Química

Modificação do anel A dos ácidos tirucálicos

A resina *de goma de Boswellia serrata* foi submetida a extração ácido/base para enriquecer o teor de ácido triterpeno. A mistura ácida enriquecida foi submetida a cromatografia em coluna de gel de sílica (200-400 mesh) para obter compostos homogéneos. Eluição com hexano: EtOAc (95:5), seguida de cristalizações repetidas com MeOH, deu origem ao ácido 3-oxo-tirucal-8, 24-dien-21-oico puro (**1**) como sólido cristalino branco com fórmula molecular $C_{30}H_{46}O_3$. Foi convertido no seu éster metílico utilizando sulfato de dimetilo/K2CO3 em DMF (**2**, 97% de rendimento) como no esquema 2. O que foi confirmado pelo espetro PMR com o pico do éster metílico a δ *3,65* como um singleto e um pico a 176,72 ppm em[13] C NMR. A oxidação de **2** com cloridrato de hidroxilamina em etanol/piridina (3:1) produziu uma oxima (**3**, 90% de rendimento). [13]O espetro de RMN de C de **3** mostrou um pico δ a 164,9 ppm, indicando a presença do grupo - C=N-, enquanto o pico de carbonilo em **2** apareceu a 216,75 ppm. A oxima, quando submetida à reação de Beckmann, sofreu um rearranjo para dar uma lactama cíclica de 7 membros com anel A alargado (**4,** 60% de rendimento) e um nitrilo seco (**5,** 22% de rendimento). Ambos os compostos foram purificados e separados por cromatografia em coluna utilizando hexano e acetato de etilo combinados por ordem crescente de polaridade. A estrutura de **4** foi estabelecida com o carbonilo da lactama a aparecer a 175,14 ppm no espetro de RMN de[13] C com uma frequência de estiramento no IR v_{max} a 1653 cm^{-1} . [13]A RMN C confirmou a estrutura **5** com o grupo nitrilo a ressoar a 120,75 ppm com frequência de estiramento no IR v_{max} a 2249 cm^{-1} e dois singletos largos a δ 4,92 e 4,67 para protões vinílicos no espetro PMR. O seco-nitrilo foi hidrolisado no ácido correspondente (**6**) utilizando KOH a 10% em metanol (rendimento de 63%), mas nestas condições o grupo éster não foi afetado. Todos os compostos foram identificados por[1] H-NMR,[13] C-NMR, IR e GC- MS.

Atividade biológica

Atividade anticancerígena

Os compostos sintetizados (**1-6**) foram testados quanto à sua atividade citotóxica em cinco tipos diferentes de linhas celulares de cancro humano, a saber, HeLa (cancro do colo do útero humano), SW-982 (sarcoma sinovial humano), MCF-7 (cancro da mama humano), PC-3 (cancro da próstata humano) e IMR-132 (neuroblastoma humano) através do ensaio MTT, tomando a camptotecina, a pristimerina e a finasterida como padrões positivos (Quadro 1).

As linhas celulares foram mantidas em meio de águia modificado de Dulbecco (Sigma-Aldrich Inc., EUA) suplementado com 10% de soro fetal bovino (Gibco BRL., EUA) numa incubadora de CO_2 a 37^0 C. A citotoxicidade dos compostos foi medida pelo ensaio MTT.[37] Cinco células cancerosas humanas foram colocadas numa placa de 96 poços com uma densidade de 10 000 células por poço. Após 24 h, as células foram tratadas com várias concentrações de compostos a partir de 100 µM diluídos em série até 3,13 µM utilizando pristimerina (um triterpeno quinonemetídeo) e finasterida (um fármaco sintético para o tratamento da hiperplasia prostática) como controlos positivos (tabela 1). As células foram ainda incubadas durante 48 h, 20 µl de MTT (5 mg/mL de stock, Sigma- Aldrich Inc., EUA) foram adicionados a cada poço e incubados durante mais três horas. Os cristais de formazan púrpura formados foram dissolvidos adicionando 100 µl de DMSO a cada poço e a absorvância foi lida a 570 nm num espetrofotómetro [Spectra Max 340]. A morte celular foi calculada da seguinte forma.

Morte celular =100- [(absorvância do ensaio/ absorvância do controlo) x100].

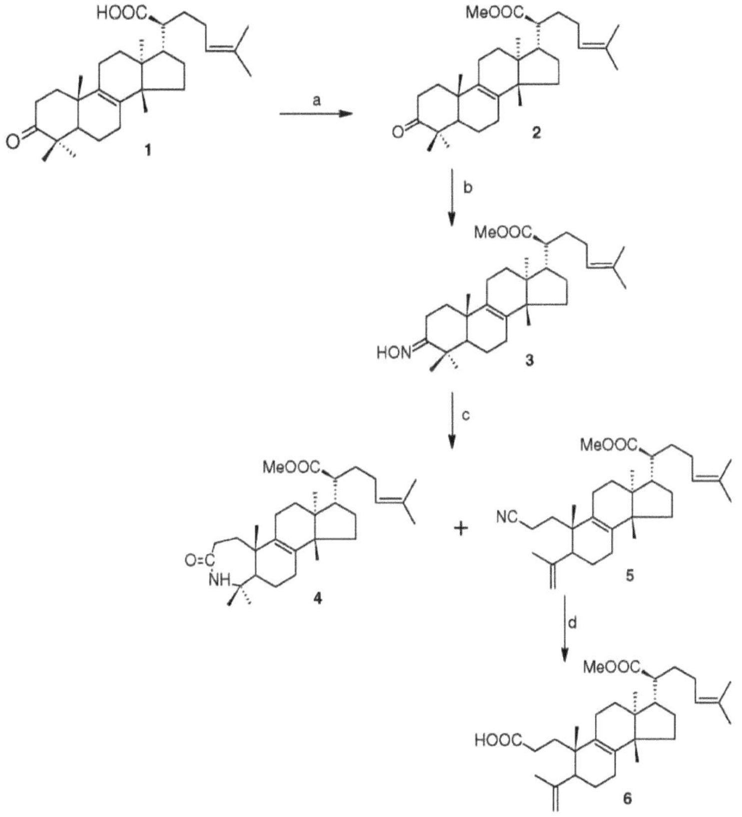

Esquema 2: Modificação do anel A do 3-oxo-tirucall-8, 24-dien-21-oato **(1-6)**

Reagentes e condições: (a) DMF/DMS/K2CO3 a 80-85°C; (b)

Piridina/Hidroxilamina .HCl em etanol a 80°C; (c) p-TsCl/piridina à temperatura ambiente;

(d) KOH Aq. (10%) em metanol, refluxo.

Quadro 1: Atividade citotóxica de análogos modificados do anel A do 3-oxo-triucall-8, 24-dien-21-oato de metilo **(1-6)**

Compounds	[a] IC$_{50}$ (µM)				
	[b] HeLa	[c] SW-982	[d] MCF-7	[e] PC-3	[f] IMR-32
1	103.18±6.39	83.38±13.64	>150	140.42±15.88	81.22 ± 4.19
2	117.21±7.31	90.55±14.78	>150	93.40±15.11	>150
3	96.17±12.48	56.92±4.80	107.96±7.29	109.03±9.32	146.75± 15.56
4	69.54±4.98	54.51±13.97	77.44±8.71	37.12±10.01	57.50 ± 3.79
5	>150	82.26±12.14	>150	104.35±10.82	>150
6	59.27±14.12	63.08±15.82	>150	52.31±14.34	63.22 ± 3.20
Camptothecin	4.39± 0.44	8.64 ± 10.89	10.85 ± 0.39	4.82 ± 0.86	6.07± 2.31
Pristimerin	4.41±1.74	5.90±1.05	4.19±1.25	6.44±3.54	3.13±1.13
Finsteride	NT	NT	81±12.77	3.99±0.93	5.81±2.47

[a] IC50: Cada dado representa a média ± S.D. de três resultados de ensaios diferentes em triplicado e é expresso como a concentração do composto de ensaio que inibe o crescimento celular em 50%: [b] HeLa: cancro do colo do útero humano; [c] SW-982: sarcoma sinovial humano; [d] MCF-7: cancro da mama humano; [e] PC-3: cancro da próstata humano; [f] IMR-132: neuroblastoma humano; NT: Não testado.

Os resultados sugerem que tanto a lactama (**4**) como o ácido seco (**6**) apresentaram uma melhor atividade antitumoral em comparação com o ácido 3-oxo tirucálico (**1**) ou o seu éster metílico (**2**). O aumento de três vezes contra a linha celular de cancro da próstata do composto 4 com anel A alargado em relação ao composto **1 que** ocorre naturalmente é digno de nota. Foi a primeira vez que fizemos o produto do rearranjo de Beckmann e mostrámos que o composto imida cíclico (**4**) melhorou a atividade antitumoral em relação ao composto *seco* (**6**). Além disso, o estudo da viabilidade celular foi efectuado contra a linha celular PC-3 para os compostos **4** e **6**, como se mostra na figura 1, e calculou-se o IC50

a partir de curvas de dose-resposta. Além disso, os compostos **4** e **6** induzem a morte celular, como demonstrado pelo aparecimento de células apoptóticas (fig. 2).

Células apoptóticas

As células PC-3 foram colocadas em placas de 6 poços e, após 24 h, as células foram tratadas com os compostos **4** e **6** nas respectivas concentrações ic50 durante mais 24 h. As células apoptóticas foram captadas no microscópio Olympus IX 70 utilizando o software Prores (fig. 3).

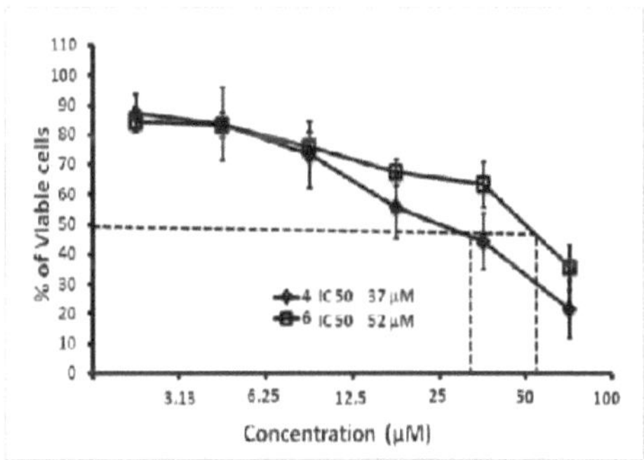

Figura 2: Curvas dose-resposta dos compostos **4** e **6** mostrando a viabilidade/proliferação das células PC

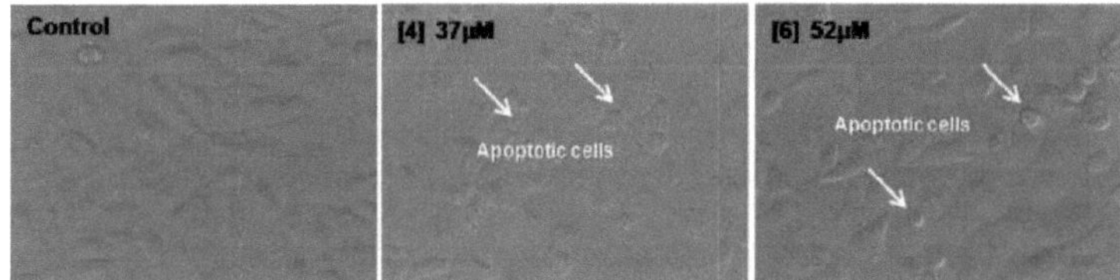

Figura 3: Os compostos **4** e **6** induzem a morte celular apoptótica após **24 horas** de incubação com **células** PC-3 numa ampliação de 20X

CONCLUSÃO

O composto puro isolado, o ácido 3-oxo-tirucálico, foi sujeito a modificação do anel. Os compostos modificados com o anel A **(2-6)** foram submetidos à sua atividade citotóxica contra cinco linhas de células cancerígenas (MCF-7, SW-982, HeLa, PC-3 e IMR-132) pelo ensaio MTT. Os resultados sugerem que a conversão do ácido **1** natural no seu éster metílico não alterou a sua atividade antitumoral, mas os derivados modificados do anel A mostraram uma boa melhoria em relação ao seu composto original. É a primeira vez que produzimos o composto imida cíclico **(4)** através do rearranjo de Beckmann do ácido 3-oxo-tirucall-8, 24-dien-21-oico **(1). A** lactama cíclica de 7 membros com anel A aumentado **4** mostrou melhor atividade antiproliferativa do que o *seco* nitrilo **5**. É digno de nota o aumento de três vezes da atividade antiproliferativa do composto **4 com o anel A aumentado em** relação ao composto natural **1 contra a** linha celular do cancro da próstata. No entanto, a hidrólise do *seco* nitrilo em ácido **6** mostrou uma melhoria apreciável na atividade antitumoral em comparação com o ácido 3-oxo tirucálico (**1**) ou o seu éster metílico (**2**). Além disso, o estudo da viabilidade celular foi efectuado contra a linha celular PC-3 para os compostos **4** e **6**, como se mostra na figura 2, e calculou os valores IC50 a partir das curvas dose-resposta IC_{50} valores como 37,12 e 52,31 µM, respetivamente. Os compostos **4** e **6** induzem a morte celular através do aparecimento de células apoptóticas.

BIBLIOGRAFIA

1. Pant, P.; Rastogi, R. *Phytochemistry* **1979**, *18*, 1095-1108.

2. Mahato, S. B.; Sen, S. *Phytochem.* **1997**, *44*, 1185-1236.

3. Ghosh, A.; Misra, S.; Dutta, A. K.; Choudhury, A. *Phytochem.* **1985**, *24*, 1725-1727.

4 . Petronelli, A.; Pannitteri, G.; Testa, U. *Anticancer Drugs.* **2009**, *20*, 880892.

5. He, X.-F.; Wang, X.-N.; Yin, S. et al. *Eur. J. Org. Chem.* **2009**, *2009*, 4818-4824.

6. Siewert, B.; Wiemann, J.; Kowitsch, A.; Csuk, R. *Eur. J. Med. Chem.* **2014**, *72*, 84-101.

7. Elgamal, M. H. A.; El-Tawil, B. H.; Fayez, M. B. E. *J. Pharm. Sci.* **1973**, *62*, 1557-1558.

8. Whitham, G. H. *J. Chem. Soc.* **1960**, 2016-2020.

9. Hase, T. *Ata. chem. Scand.* **1970**, *24*, 364-365.

10. Moss, G. P.; Nicolaidis, S. A. *J. Chem. Soc. Chem. Commun.* **1969**, 10771078.

11. Liu, J.-S.; Huang, M.-F.; Tao, Y. *Can. J. Chem.* **1988**, *66*, 414-415.

12. Dehaen, W.; Mashentseva, A. A.; Seitembetov, T. S. *Molecules.* **2011**, *16*, 2443-2466.

13. Finlay H. J.; Honda T.; Gribble G. W. et al., *Bioorg. Med. Chem. Lett.* **1997**, *7*, 1769-1772.

14. Klinot, J.; Sumanova, V.; Vystrcil, A. *Collect. Czechoslov. Chem.Commun* **1972**, *37*, 603-609.

15. Kumar, S.; Misra, N.; raj, K. et al. **2008**, *22*, 305-319.

16. Carman, R. M.; Cowley, D. *Aust. J. Chem.* **1965**, *18*, 213-217.

17. Stevenson, R. *J. Org. Chem.* **1963**, *28*, 188-190.

18. Zaprutko, L.; Partyka, D.; Bednarczyk, B. *Bioorg. Med. Chem. Lett.* **2004**, *14*, 4723-4726.

19. Mikhailova, L. R.; Khudobko, M. V.; Spirikhin, L. V. *Chem. Nat. Compd.* **2009**, *45*, 393-397.

20. Tolmacheva, I. A.; Nazarov, A. V.; Maiorova, O. A. *Chem. Nat. Compd.* **2008**, *44*, 606-611.

21. Kazakova, O. B.; Giniyatullina, G. V.; Tolstikov, A. *Rus. J. Bioorg. Chem.* **2011**, *37*, 619-625.

22. Dalla-Vechia, L.; Dassonville, A.; Grellier, P.; Sonnet, P. *Lett. Org. Chem.* **2012**, *9*, 92-95.

23. Subba Rao, G. S. R.; Kondaiah, P.; Singh, S. K. et al. *Tetrahedron* **2008**, *64*, 11541-11548.

24. Rasmusson, G. H.; Reynolds, G. F.; Steinberg, N. G. *J. Med. Chem.* **1986**, *29*, 2298-2315.

25. Poeckel, D.; Werz, O. *Curr. Med. Chem.* **2006**, *13*, 3359-3369.

26. Pardhy, R. S.; Bhattacharyya, S. C. *Indian J. Chem.* **1978**, *16B*, 174-175.

27. Badria, F. A.; Mikhaeil, B. R.; Maatooq, G. T. *Z. Naturforsch. J. Biosci.* **2003**, *58*, 505-516.

28. Akihisa, T.; Tabata, K.; Banno, N.; Tokuda, H. *Biol. Pharm. Bull.* **2006**, *29*, 1976-1979.

29. Banno, N.; Akihisa, T.; Yasukawa, K. et al. *J. Ethnopharmacol.* **2006**, *107*, 249-253.

30. Paul. Dissertação de Mestrado, Universidade de Saarland Saarbrucken, Saarland, Alemanha **2012**.

31. Estrada, A. C.; Syrovets, T.; Pitterle, K. et al. *Mo.l Pharmacol.* **2010**, *77*, 378-387.

32. Wang, F.; Li, Z.-L.; Cui, H.-H. et al. *J. Asian Nat. Prod. Res.* **2011**, *13*, 193-197.

33. Camacho, R.M.; Mata, R.; Castaneda, P. et al. *Planta Med.* **2000**, *66*, 463-468.

34. Fu-Yue, D.; Ren-Wang, J. *Chinese J. Nat. Med.* **2011**, *9*, 81-89.

35. Boden, S. E.; Schweizer, S.; Bertsche, T. et al. *Mol. Pharmacol.* **2001**, *60*, 267-273.

36. Schweizer, S.; Brocke, A. F.; Boden, S. E.; Ammon, H. P. *J. Nat. Prod.* **2000**, *63*, 1058-1061.

37. Mosmann, T. *J. Immunol. Methods.* **1983**, *65*, 55-63.

Printed by Books on Demand GmbH, Norderstedt / Germany